原来历史
就在身边

历史就摆在餐桌上

卢　溪／著

牟悠然／绘

中国少年儿童新闻出版总社
中国少年儿童出版社
北京

图书在版编目（CIP）数据

历史就摆在餐桌上 / 卢溪著；牟悠然绘 . -- 北京 ：
中国少年儿童出版社，2024.10
（原来历史就在身边）
ISBN 978-7-5148-8567-5

Ⅰ . ①历… Ⅱ . ①卢… ②牟… Ⅲ . ①饮食－文化史
－中国－儿童读物 Ⅳ . ① TS971.202-49

中国国家版本馆 CIP 数据核字（2024）第 096336 号

LISHI JIU BAI ZAI CANZHUO SHANG
（原来历史就在身边）

出版发行：中国少年儿童新闻出版总社
中国少年儿童出版社

策　　划：叶　敏　王仁芳	装帧设计：柴拾叁号
责任编辑：李　源　秦　静	责任校对：张翼翀
美术编辑：陈亚南	责任印务：刘　澂
社　　址：北京市朝阳区建国门外大街丙12号	邮政编码：100022
编辑部：010-57526671	总编室：010-57526070
发行部：010-57526568	官方网址：www.ccppg.cn

印刷：北京缤索印刷有限公司

开本：787mm×1092mm　　1/16	印张：8
版次：2024年10月第1版	印次：2024年10月第1次印刷
字数：160千字	印数：1—8000册

ISBN 978-7-5148-8567-5　　　　　　　　　　　定价：32.00元

图书出版质量投诉电话：010-57526069　　电子邮箱：cbzlts@ccppg.com.cn

序

不会吧？不会还有人跟我小时候似的，以为历史就是摆在书架上那些本大书吧？《二十四史》，一大柜子，那就是中国的历史？

事实上，历史可不光是"过去发生的人和事"那么简单。历史啊，它是一个全息系统。你看，历史就是过去人的生活，而咱们现在的生活，就是未来人眼中的历史！

生活都包括些啥？衣、食、住、行、玩，这就差不多是全部了吧。

可是，你看看古画中五花八门的汉服、博物馆里的器具、景点里的古迹……它们和现在咱们的衣、食、住、行、玩，差距很大呀！我们和历史有联系吗？

仔细观察，咱们的衣、食、住、行、玩与古人的，或多或少都有相似之处。就好像，你和爸爸妈妈、爷爷奶奶、外公外婆那可是完全不同的人，但是别人会说你的鼻子像爸爸，眼睛像妈妈，额头像奶奶，耳朵像外公……你跟祖辈父辈们又有千丝万缕的联系，不是吗？

一般来说，你的姓就跟爸爸或妈妈的一样，还有，你在户口本上填的"籍贯""民族"，总是跟爸爸妈妈其中一位有关系，对吗？

对，这些联系、相似，甚至变化，那都是历史。

你可以把历史理解成一本密码本，表面上看，谁也看不懂。可是，只要给你一个编码规则，你就能把密码翻译出来。对历史的了解与掌握，就是一个"解码"的过程。

你可以假设一下，要是有一种力量，突然让你回到了古代，扔给你一套衣服，你知道怎么穿吗？你知道每个时代，餐桌上主要有什么食物吗？晚上去哪儿住？是自己造一间房子还是找家旅店？出门有什么交通工具可以选择？无聊的时候，能找到什么玩具？

更重要的是，你知道古代的这些衣、食、住、行、玩和现代的有什么不一样，是怎么变化发展的吗？要是给你开个倍速播放，把历史再过上一遍，你能找到事物的发展规律吗？掌握了现代信息的你，能避免古人走过的弯路吗？

所以你看，了解历史，可不只是知道一些枯燥的知识，它更是一种可以玩很久的迷人的解码游戏。从今推回古，从古推到今，越来越熟练的你，就像在一条历史长河里游泳，两边的景物与细节，越来越清晰，越看越好玩。

现在你看到的这几本书：《历史就穿在我身上》《历史就摆在餐桌上》《历史就住在房子里》《历史就跑在道路上》《历史就藏在玩具里》，就像一个大乐园的不同入口，从每一个入口进去，都能看到不一样的精彩！

当你走出这个乐园时，你就是掌握了历史解码能力的人哦，你的世界，变得好大好大，上下五千年，纵横八万里，任你闯荡，任你飞。到时，你就可以跟小伙伴们大声夸赞："历史可真有趣呀！"

你还可以骄傲地告诉他们："历史没那么遥不可及，历史就在你身边！"

杨早

北京大学文学博士，中国社会科学院文学所研究员
中国社会科学院大学教授，中国当代文学研究会副会长
阅读邻居读书会联合创始人

目录

历史跟餐桌有什么关系呢？

看！好吃的、好喝的东西随着历史的长河流过来了，我们一起去看看吧！

什么是**饮食**

　　什么是饮食？简单来说，我们吃喝的东西，以及吃喝的行为，都叫作饮食。"饮食"既是一个名词，也是一个动词。

　　"饮食"这个词出现得很早，3000多年前的《周易》里就有"君子以饮食宴乐"的说法，那时候饮食的含义已经和现在差不多了。

　　古人很重视饮食，孔子认为"饮食"是人的根本需求之一，而"民以食为天"的说法更是流传千年。直到今天，吃依然是人的头等大事。

简单地说，饮食文化是与"如何吃喝""为什么这样吃喝、不那样吃喝"有关的文化。中国的饮食文化源远流长。中国第一个王朝——夏朝的开创者大禹铸造了象征九州的神器——九鼎。鼎，其实就是煮肉的青铜大锅。用炊具作为天下的象征，也体现了饮食文化在中国传统文化中是多么重要、多么具有代表性。

博物馆中的饮食

山东诸城前凉台汉墓出土的庖厨图（摹本），展现了汉代大户人家厨房里的忙碌情景
山东省诸城市博物馆藏

后母戊鼎
中国国家博物馆藏

藏在饮食里的成语

【钟鸣鼎食】

鼎是一种炊具和食具，有三足圆鼎和四足方鼎，在原始社会时已出现，多用陶土制成，是非常普遍的生活用具。到了商周时期，用青铜鼎成了权贵的特权。权贵之家人口众多，房子也大，到了吃饭的时候就用鸣钟来通知大家，还要用很多大鼎烹煮食物。所以说"钟鸣鼎食之家"就是形容权贵的豪华排场。

中华饮食文化有特点

中华饮食文化源远流长，极有特点，是中华民族宝贵的文化遗产。

讲究礼仪

中国是礼仪之邦，什么事情都讲究礼仪，饮食也不例外。

回想一下你上次参加的重要宴会，无论是婚宴还是寿宴，是不是都有一定的规矩？你仔细观察，参加宴会的主要人物会坐在主桌主位上，年纪大、地位高、关系亲近的人通常会坐在他们身边，其他宾客都要按照规矩去祝贺行礼。这就是宴饮的礼仪之一。

日常的一餐一饭中，也有很多注意事项，比如"饭前要洗手""长辈先动筷""嘴里有食物的时候尽量不说话"，这些也是饮食礼仪。

古人的饮食礼仪更加细致、复杂。在周朝，吃饭用的鼎、簋（guǐ）、豆等青铜器都具有礼器的功能。天子吃饭时可以用九鼎八簋，诸侯可以用七鼎六簋，最末的下士只能用一鼎无簋。森严的等级从食具的数量上就能直观地体现出来。就连吃什么食物，等级不同，规定也是不同的。

原来如此

簋

古代食器，用来盛装煮熟的黍（shǔ）、稻、粱等食物，相当于现代的饭碗。后来成为祭祀或宴会时的礼器，和鼎配套使用，用来盛装食物以供奉祖先或神明。

《礼记》中规定的用餐礼仪非常具体，比如：吃饭前要坐在尊长后面一点儿，表示恭敬；吃饭时要靠近食案，以免弄脏座席；上菜时客人要起立，贵客来时其他客人也要起立，主人劝食时要热情回应；不能吃得过饱；主人要等客人吃完才能停止进食，客人要等主人吃完才能漱口；吃完后，客人要主动清理食案上的餐具和剩菜残羹，主人要客气地劝阻；等等。

提倡调和

如今提倡建设和谐社会，这个"和"字的含义，就起源于食物和味道的调和。

《说文解字》中解释说，鼎，三足两耳，是调和五味的宝器。

传说商代的名臣伊尹曾经用煲汤的理论来阐述如何治理天下，其中提到用甘（甜）、酸、苦、辛（辣）、咸这五种味道，配合优质的食材、恰当的火候，做出来的食物才能达到"和"的境界。

伊尹的这番比喻，说明古人很早就懂得只有调和不同的味道，甚至调和食物本味、火候、技艺之间的平衡，才能做出美味的食物。

博物馆中的饮食

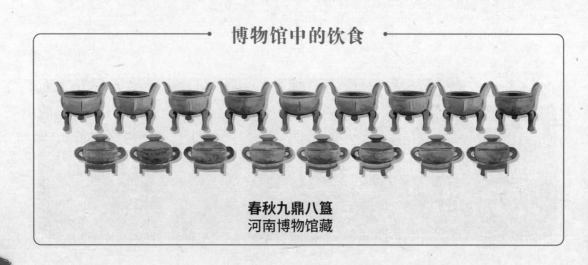

春秋九鼎八簋
河南博物馆藏

味道

　　古人把事物最基本的规律称为"道"，关于调味和滋味的基本规律就是"味道"。味道指味觉所体会到的滋味，如酸、甜、苦、辣、咸，也可以引申指从感情、思考中得到的滋味。

　　古人烹饪食物，追求色、香、味俱全。色就是食物的外观颜色，香和味是通过鼻子和舌头感觉到食物的美妙，这需要通过合适的调味才能达到。

注重养生

　　我国古代很早就发展出了食疗养生的理论，把饮食和人的健康结合在一起，认为"药食同源"。很多饮食思想到现在还很流行，比如：饮食要有节制，不能暴饮暴食；饮食结构要合理，摄入的主食、水果、蔬菜、肉食、饮料要均衡适量。

　　成书于两千多年前的《黄帝内经》最早提出了食疗养生的概念，其中表达了古人的饮食思想：食物有不同的性质，要用不同味道来调和烹饪；食材有不同的效用，各种谷物可以作为主食，各种水果可以辅助，各种肉食可以补益，各种蔬菜可以补充营养，它们共同满足身体和精神的需要。

现代科学研究表明，古人的理论非常正确。谷物、水果、肉食、蔬菜含有不同的营养成分，一定要搭配着吃，才能保证身体所需的营养成分全面均衡。我们的祖先在两千多年前就认识到了这一点。

现代科学提倡的膳食金字塔

油脂类

奶及豆类

鱼、禽、肉、蛋类

蔬菜水果类

五谷类

时令分明

春节的饺子　　　清明节的青团

蔬菜、水果有固定的成熟季节，牛、羊、猪、鸡、鸭要长大才能宰杀。古时候既没有科技手段来改变动植物的生长周期，又没有冰箱，除了少数腌制品和耐放的食物，大多数食材都只在比较短的时间里才新鲜可食。过时令的食物要么吃不到，要么吃了容易坏肚子，所以古人有"不时不食"的习惯，并渐渐形成了"荐新"和"尝新"的习俗。荐新是用时鲜的食品祭祀祖先和神明，尝新则是人们品尝应时的新鲜食品。

讲究时令还体现在节日民俗上，比如春节吃饺子或年糕，元宵节吃元宵或汤圆，端午节吃粽子，中秋节吃月饼，这些已经成为中国人生活的一部分。这些节令食物不仅仅是美食，还被赋予了团圆、吉祥等美好的寓意。

端午节的粽子

中秋节的月饼

兼收并蓄

中国古代的饮食文化十分开放，兼收并蓄。

在古人餐桌上，既有南方的柑橘，也有北方的粟米；东海的鱼和盐、中原的牛羊肉、西域的调味品，通过烹饪完美地交融在一起。除了中国本土的物产，古人还积极引进国外的食物来丰富餐桌。数千年前，大麦、小麦等粮食作物已经传入中国。通过陆上和海上丝绸之路，芝麻、葡萄、核桃、西瓜、黄瓜、蚕豆、扁豆、大葱、大蒜、莴笋、胡萝卜、番茄、辣椒、土豆、番薯、玉米等作物都被陆续端上了中国人的餐桌。

不仅食物如此，就连餐桌本身也经过了引进、融合与发展的过程。中国古人很长一段时间是席地而坐的，食物被摆放在低矮的食案上。后来，其他民族发明的高脚桌椅逐渐传入，人们发现坐在高椅子上吃饭更加舒服方便，就用高脚桌椅取代了案席。大概在唐宋时期，古人就和我们现在一样垂足而坐、舒舒服服吃饭了。

原来如此

席

　　用竹篾或草编织而成的片状物叫"席"。古时候，人们在地上铺一块席子，坐在上面，叫"席地而坐"。由此发展出很多相关的词语，例如"一席之地"，原指放一块席子的地方，后引申为在某处有一定的位置或地位。当人们都席地而坐的时候，地位最尊贵的、领头的人坐在主位的席子上，这就是"主席"，后来这个词成为某机构、团体等的最高领导职位的名称。

跟大自然要吃喝

在还没有文字记载的史前时期，我们的祖先为了吃饱肚子，在漫长的岁月里付出了很多的辛劳与智慧。

采集野果、渔猎、种植庄稼、驯养动物……这些为了吃饱、吃好而付出的努力，同时促进了许许多多相关领域的发展，比如促进了工具制作工艺的提高，催化了烧陶冶金技术的发展，推动了人类对天文、气象、地理等各方面知识的探索。毫不夸张地说，人类璀璨文化的诞生和发展，是与人类饮食需求的发展相伴随的。

今天我们有先进的科学技术帮忙，在饮食方面比史前时期的祖先幸福多了。但我们所吃的每一顿饭，又跟远古的祖先有着紧密的联系。他们驯化的一些动物和植物，现在成了我们餐桌上的常客；他们在大自然中的探索，是我们历史文明，特别是饮食文化的开端。

从采集到种植

原始社会早期，人们主要靠采集和渔猎来获取食物。采集的对象一般是自然生长的野果、植物种子、野菜等，也有野生蜂蜜、昆虫等。采集主要由女性负责，收获相对稳定。

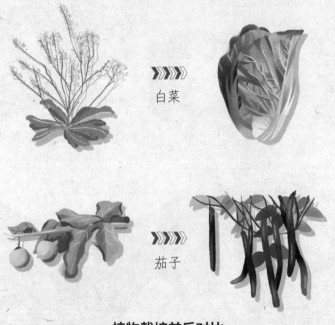

白菜

茄子

植物栽培前后对比

原始人在采集活动中发现，一些植物种子掉在土里会发芽，会按照时节有规律地生长，并结出可以食用的果实。根据这些经验，古人开始有意识地栽培部分植物。据统计，古人曾经栽培过 3000 多种植物，但只有少部分有价值的被驯化，并一直种植到今天。

哎呀，这是什么桃，好酸！

这是野生桃子，当然酸了！我们常吃的甜甜的桃子是经过人类驯化，又长期种植才得到的！

水果经过栽培可以直接食用，而一些谷物和豆类收获后，还需要经过加工才能吃。于是，原始人又逐渐学会了用石磨盘、石磨、石碾（niǎn）、碓（duì）等工具来为谷物和豆类脱壳。

新石器时代的石磨盘和石磨棒
中国国家博物馆藏

左图是石磨，右图是石碾，如今的乡村还有类似的用具。

这是杵臼（chǔ jiù）。人们用长长的杵在臼里捣，让粮食脱壳，这个工序叫作"舂"。

碓，古代舂（chōng）米的器具，可以用人力或水力带动。

今天我们吃到的大部分食物，都直接或间接来源于种植业。水稻、小麦等粮食作物长在田里；果园里有我们吃的水果；茶园和咖啡园为我们提供饮料。肉食主要来源于牲畜，牲畜也要用种植的饲料来喂养。

从捕猎到畜牧养殖

原始社会早期，男性负责使用长矛、鱼叉等工具狩猎或捕鱼，获得肉食。但由于工具简陋，原始人的收获并不稳定，有的时候只能捕获一些小动物或昆虫。

博物馆中的饮食

红陶陂（bēi）池，里面有田螺、青蛙等造型，像是一座人工修建的蓄水池模型
陕西历史博物馆藏

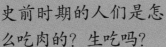
史前时期的人们是怎么吃肉的？生吃吗？

最早的时候，原始人只能吃生肉。后来，人们学会了使用火，把肉烤熟了再吃，既卫生，还美味，又好消化。古人把烤叫作"炙"，除了牛肉、羊肉、猪肉，鸭、鹅、野雀等动物都可以炙烤。那时的烤肉方式很简单，就是把肉类处理干净之后，架在火上烤。

藏在饮食里的成语

【茹毛饮血】

茹毛饮血指的是原始人不会用火，为了生存，连毛带血地生吃禽兽的肉。生食的肉不卫生，所以那时候的人们常常得病，寿命普遍不长。

陶器被发明出来以后，人们可以用它盛水来炖煮肉食。虽然只有盐、姜等少数几种调味品，但已经能炖出难得的美味了。

随着火的使用和狩猎工具的进步，肉食的获取变得容易了许多。人们甚至能捕捉到凶猛的虎和豹、体形庞大的象和犀牛、奔跑灵活的鹿和獐、海里的鱼和鲸。熟肉的丰富营养进一步促进了原始人大脑的发育，让他们变得更加聪明，最终进化为现代人。

随着人口越来越多，为了更好地生存，人们开始定居下来，从事农业和畜牧业。

人们定居后，可以种植农作物，搞畜牧养殖，是不是就不需要采集和渔猎了呢？

当然不是啦！直到现在，还有很多无法种植、驯养的动植物，比如山上的野山菌和海里的金枪鱼等。采集和渔猎一直存在！

古人通过渔猎获得的肉食量大大增加后，会把一些幼畜或比较温驯的猎物暂时圈养起来，等食物匮乏的时候再吃，这样就慢慢形成了畜牧养殖业。

牛、羊、猪都是被人圈养而驯化的，但狗是例外。狗的祖先是狼。一些没有狼群保护的独狼，喜欢在人类住处附近的垃圾堆里搜寻食物，和人接触多，比较亲近人，很可能是半主动被驯化的。古人不仅把狗视为牲畜，还把它们当作宠物、伙伴和狩猎时的助手。

博物馆中的饮食

猪纹陶钵
浙江省博物馆藏

现在我们吃到的肉食主要有牛肉、羊肉、猪肉、鱼肉、鸡肉，全都来自畜牧业和养殖业。畜牧养殖对古人很重要，北方草原的游牧民族几乎完全依赖畜牧业，西南地区的一些少数民族把牛看作家庭中非常重要的财富之一。

猪

牛

鸡

鹅

家畜、家禽驯化前后对比

夏商周

五谷、五畜、五菜和五果

经过史前时期漫长的探索，古人逐渐培育出了几种主要的粮食作物，称为五谷；驯养了几种重要家禽、家畜，称为五畜；种植、采集了几种重要蔬菜和水果，称为五菜和五果。

夏商周时期，随着文明的发展，古人逐渐为饮食赋予多种意义。统治者把饮食与礼仪关联起来，约束人们的言行；思想家把饮食与人的思维、修养关联起来，讲人生的道理；政治家把饮食与治国方法关联起来，认为饮食中藏着万物的规律。在这个历史时期，饮食本身也带给人们很多的惊喜，古人的餐桌变得丰富而精彩。

如果有机会回到夏商周时期看一看餐桌，你会发现《诗经》里的很多诗句很接地气，都是一些吃的喝的；再翻一翻儒家经典《礼记》，你又会发现原来商周时期的饮食规范和礼仪很多都具有科学性，我们现在仍在遵守。从小米、稻米、大豆，到杏子、李子、桃子，再到牛肉、羊肉、鱼肉……我们今天的餐桌上，能找到夏商周时期很多食物的影子。

小米啊小米，高级、昂贵的主粮！

这是用时新的方式炙的肉，好吃！

五谷难道有六种

传说一个叫后稷（jì）的人教会了百姓种植稷、麦等粮食作物。后来古人陆续种植了多种主粮，以俗称的"五谷"最为知名。

五谷到底是哪五种作物呢？

关于五谷，有几种不同的说法：一种常见的说法是五谷指稻（稻米）、黍（shǔ，黄米）、稷（也叫粟，就是小米）、麦（小麦）、菽（shū，大豆），不过当时淮河以北很少种植稻；另一种常见说法认为五谷指的是麻（火麻仁）、黍、稷、麦、菽，但当时人们种植麻主要是为了提取其中的纤维做衣服，用作粮食的火麻仁只是副产品。我们可以理解为，由于所处地域等条件不同，广袤的中国大地上，古人所说的五谷其实有六种，甚至更多种。五谷只是古人对主粮的一个概括性称呼，五畜、五菜、五果也是如此。

藏在饮食里的成语

【五谷丰登】

五谷泛指各种各样的粮食作物，各种粮食作物都丰收了，农民收获满满。现在人们常常用"五谷丰登"来形容年景好，人们的劳动都得到了回报，生活富足。

【不食周粟】

在商朝和周朝的时候，粟饭是主食。商朝被周朝取代后，伯夷、叔齐宁愿饿死也不吃周朝的粟饭。后来这个成语被用来形容忠诚坚定、不因生计艰难而为敌人效力的仁人志士。

社稷

稷，也叫粟，也就是我们所说的小米，从商代开始便是古人重要的主粮，被尊为五谷神。社指土地神。在以农为本的中国古代，土地和五谷是国之根本，后来社稷便代指国家。

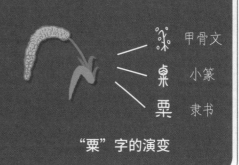

甲骨文
小篆
隶书

"粟"字的演变

考古发现，中国的古人早在七八千年前就学会了种植黍和稷，在四五千年前就已经开始种植大豆、麻和高粱。

黍，就是黄米，主要种植于我国北方。和大米一样，黄米分为糯的和不糯的两种，样子像小米但是颗粒要大一些。除了做粥饭，黄米也适合做成糕点。在唐诗中还有"故人具鸡黍，邀我至田家"的句子，可见黍在很长时间内都是古人的主要粮食。

菽，就是大豆，汉朝以前的古人经常用豆子做的豆饭当主食。豆子富含植物蛋白，在缺少肉食的古代，是人们重要的蛋白质来源。如今我们主要把豆制作成菜肴、饮料等，极少作为主粮。

博物馆中的饮食

距今 6000 年前的稷和贮粟陶罐
陕西省西安半坡博物馆藏

金文
小篆
隶书

"菽"字的演变

毛豆成熟后就是黄豆。

麻是古人重要的衣着原料，它干燥成熟后的种子叫火麻仁，是古人重要的粮食。如今，人们通常会用火麻仁榨油，或者当成瓜子一样的零食来食用，早已不再作为主粮。

随着时间推移，五谷中的其他品种渐渐淡出，而小麦和稻的地位却越来越高，成为最重要、最常见的主粮。不仅在中国如此，全世界的大部分人如今也都以小麦或稻米为主粮。

小麦起源于亚洲西部，大约 4000 年前传入中国。商代时，古人把小麦叫作"来"。中国古代北方地区，尤其是黄河、淮河流域是小麦的主产地。晋朝后期，由于北方战乱频繁，百姓迁往南方，也把小麦的种植推广到了南方。

博物馆中的饮食

距今 4000 年前的小麦
新疆维吾尔自治区博物馆藏

距今 7000 年前的炭化稻米
浙江省博物馆武林馆区藏

稻是原产于中国和印度的粮食作物，中国长江流域的古人在 8000 年前就学会了栽种水稻。早期稻的主要产地在南方，后来逐渐扩展到北方，如今东北地区的稻米就非常有名。古人培育出了很多品种的稻，有适合酿

甲骨文
小篆
隶书

"麦"字的演变

酒的糯稻，有清香扑鼻的香稻，有营养价值
丰富的紫稻和黑稻。按照稻作方式，还有能
一年收获多次的两季稻、三季稻等。

种出了粮食，怎么吃呢?

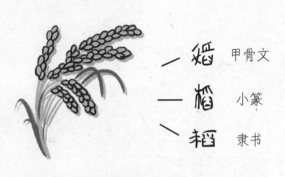

甲骨文

小篆

隶书

"稻"字的演变

夏商周时期，古人加工主食的方法非常简单，就是把稻米、麦、大豆、
黍、粟、高粱等粮食脱壳，然后放进炊具里蒸煮成粥饭吃，这种吃法
被称为"粒食"。粒食加工方便，脱壳和蒸煮需要的工具和技术都不
复杂，这种古老的吃法一直延续到今天。

明代《天工开物》中加工稻米的画面

如今的米饭就是粒食吃法的延续。稻米经过脱壳后成为大米，大米可以分为粳（jīng）米和糯米，糯米黏性强适合做糕点，粳米柔软可口更适合蒸煮。古人和现代人一样，喜欢把粳米做成粥饭吃。古人也会做盖浇饭，周天子享用的珍馐（xiū）"淳熬"，就是把肉煎熟熬成肉酱，浇在米饭上。

唉，今天爸爸妈妈不在，只好吃盖浇饭将就一下了。

将就？这可是跟周天子同档次的吃法啊！

起初，古人并没有发现小麦有更好的吃法，只是像其他粮食一样吃粒食。后来，古人发现把小麦等谷物磨成粉末，可以加工成丰富多样的主食。考古发现，早在 5000 年前，古人已经学会了烙饼，至少在 4000 年前，古人已经吃上了面条，那时候的面条还是用小米粉做的。

博物馆中的饮食

5000 年前，古人烙饼用的夹砂褐陶鏊（ào）
河南省郑州市文物考古研究院藏

吃上肉，不容易

从夏、商到更加繁荣的周，肉都是很稀缺的食物，基本上只有贵族才能享用。因此，"肉食者"成了贵族的代名词。

肉食的种类有很多，在等级森严的周朝，对什么人吃什么肉也有很严格的规定：天子可以吃牛肉、羊肉和猪肉，诸侯可以吃牛肉，卿可以吃羊肉，大夫可以吃猪肉，士可以吃鱼肉，庶人（平民百姓）平时没有肉吃，偶尔可以吃鱼肉。可见牛羊肉在当时被认为是最珍贵的肉食。

有趣的是，鱼肉的地位不断提高，以至后来和羊肉一起成为鲜美肉食的代表。可能是因为早先古人无法去除鱼肉带有的腥味儿，做出的鱼肉不好吃，烹饪技术进步后，鱼肉的鲜美才得到了充分的体现。

原来如此

鱼、羊和"鲜"字

　　汉字"鲜"是由"鱼"和"羊"两个字组成的。古人认为南方以鱼肉最为美味，北方以羊肉最为美味，所以"鲜"字有了美味的含义，后来又引申出新鲜、稀少等意思。

甲骨文	金文	大篆	小篆	隶书	楷书	简化字

"鲜"字的演变

古人驯养鸡的历史十分悠久，可是养鸡并不容易，因此商周时期鸡肉也是很珍稀的，大多数人都吃不到。周朝设有专门的官职叫"鸡人"，负责养鸡，也负责报时、守夜。

《礼记》里记载了一些处理肉食的方法，包括动物宰杀、燂毛、去内脏等。战国时期的思想家庄周所著的《庄子》里，记录了"庖丁解牛"的故事，说明那时候宰杀动物的技术已经很高超了。

原来如此

宰相

在夏商周时期，祭祀是国家最重要的事情之一。祭祀时，要宰杀耕牛献给上天和祖先，负责宰杀的人身份尊贵，被称为"宰"。后来，这个字被借用，成为辅助帝王的重要官员的官职——宰相。宰相掌管一切政务，权力仅次于帝王。

在夏商周时期，吃肉的方式仍然以生肉片、烤肉、肉糜和肉汤为主。生肉片要切得细细的，这叫作"脍"；烤肉，叫作"炙"。

藏在饮食里的成语

【庖丁解牛】

古代有个名叫丁的厨师，宰牛技术特别高超。他擅长摸索事物的规律，宰牛也是如此。他用了三年掌握牛体的结构，以至于后来宰牛时已经不需要用眼睛去看，也不用蛮力切割，而是让刀顺着牛体本来的结构分割就行。

这个成语用来比喻经过反复实践，掌握了事物的客观规律，做事得心应手，运用自如。

【脍炙人口】

出自《孟子》中的一个故事。孔子的学生曾参为了纪念喜爱吃羊枣的父亲，在父亲死后就再也不吃羊枣了。孟子的学生公孙丑很不解地问："脍（生肉片）炙（烤肉）比羊枣更加美味，曾参的父亲生前也很爱吃脍炙，可曾参为什么单单不吃羊枣来纪念父亲，何不把脍炙也戒了呢？"孟子说："脍炙所同也，羊枣所独也。"意思是说，脍炙是人人都爱吃的，羊枣是唯独他父亲爱吃的，曾参戒吃羊枣，更有纪念父亲的意义。由此引申出"脍炙人口"一词，最早表示人人都爱吃肉，后来比喻人人都称赞好的诗文或事物。

跟着《诗经》去吃菜和果

关 雎

[先秦] 无名氏

关关雎鸠，在河之洲。窈窕淑女，君子好逑。

参差荇菜，左右流之。窈窕淑女，寤寐求之。

求之不得，寤寐思服。悠哉悠哉，辗转反侧。

参差荇菜，左右采之。窈窕淑女，琴瑟友之。

参差荇菜，左右芼之。窈窕淑女，钟鼓乐之。

　　这是《诗经》中的名篇，描绘了一位美好的女子乘船采"荇菜"（一种野菜）的动人画面。《诗经》是我国第一部诗歌集，其中的诗歌有很多都是先秦时期的民间歌谣。这些诗歌里出现了各种各样的野菜，有"葑"（野蔓菁）、"菲"（野萝卜）、"匏瓜"（野葫芦）、"荇菜"、"卷耳"、"茆"（莼菜）等。

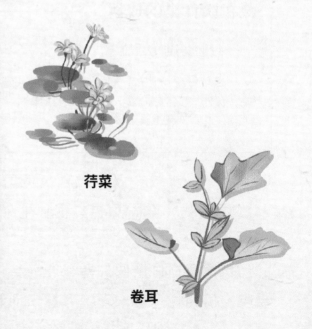

荇菜

卷耳

原来如此

"蔬"和"菜"的区别

　　"菜"最早是野菜的意思，是野外采摘的可以吃的植物。穷人老吃野菜缺乏营养，脸色不好看，就叫"面有菜色"。

　　"蔬"这个字出现得比较晚，汉朝之后才有，最早指的是人工种植的蔬菜。不过随着时代的发展，蔬菜之间的差别在语言上渐渐消弭了，所有植物类的菜都可以叫"蔬"或"蔬菜"。

在夏商周时期，有很多蔬菜已经被人驯化种植了，比如芥菜和豌豆。古人最早是把芥菜籽研成粉末当调味品，就是黄芥末，后来又培育出不同品种的芥菜，有的吃菜叶，有的吃菜根，有的吃菜茎，还有的用菜籽榨油。形态各异的雪里蕻（hóng）、大头菜、菜脑、三月青等都是芥菜。豌豆的豆子、豆苗、豆荚都可以作为蔬菜食用。现在有一种叫荷兰豆的蔬菜，就是豌豆的某个品种，有意思的是，这种豌豆在荷兰被称为中国豆。

在《诗经》中还出现了各种水果，其中最常见的是桃和李。"投我以桃，报之以李"，意思是互相赠送好东西、礼尚往来，可见在先秦时期人们就喜欢吃桃和李了。桃是我国最早培育的水果品种之一，古人培育过蟠桃、油桃、黄桃、水蜜桃等优良品种，味道都很甜美。

博物馆中的饮食

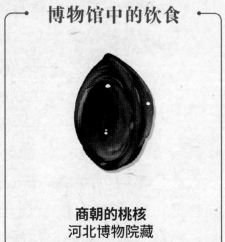

商朝的桃核
河北博物院藏

藏在饮食里的成语

【桃李满天下】

春秋时期有个叫子质的人，他认真教导学生。子质的学馆里有一棵桃树、一棵李树。学生成才后感念他的教诲，就在自己的住处亲手栽种桃树和李树。后来，人们就以"桃李"代指学生，并把培养了很多学生的优秀老师赞誉为"桃李满天下"。

杏在 3500 年前就已经被驯化。古人既吃杏果，也吃杏仁，还用杏仁榨油。

板栗原产自中国，是华北的特产。原始社会时，古人就收集野板栗吃，周朝时，有人开始有意识地栽培板栗树。板栗作为干果吃甜美可口，古人还把板栗当作配菜，闹饥荒的时候，吃板栗来充饥。

夏商周时期，人们能吃到的水果还有梨、枣、甜瓜、柑橘等。

博物馆中的饮食

战国时期的板栗
湖北省博物馆藏

在火锅形状的青铜器里发现了板栗
南昌汉代海昏侯国遗址博物馆藏

诗经中出现的水果还有哪些？

"湛湛露斯，在彼杞棘。"杞是枸杞，棘是酸枣。

"于嗟鸠兮，无食桑葚。"

枸杞

酸枣

桑葚

"投我以木瓜，报之以琼琚。"

"摽（biāo）有梅，其实七兮。"梅是梅子。

梅子

木瓜

融合，再融合

　　秦始皇统一六国，结束了战国的纷乱。除了书同文、车同轨，统一也促进了各地老百姓的交流，其中就包括饮食习惯和口味的交流。到了汉朝，往来于丝绸之路上的商队从西方带来了很多新奇的食物，国内一些偏远地区的食物也传到了中原。古人的餐桌通过不同地方、不同民族之间的交流与融合，获得了很大的丰富。

> 住在村子里，不能下馆子，吃不到来自各地的大餐，只能吃村子里出产的东西，太不方便了！

> 黄瓜、大葱、蚕豆，还有我们头顶的葡萄，不知道这些东西是从什么时候开始有的，是不是几千年前的古人就这么吃啊？

汉朝开通了丝绸之路，人们才可以吃到葡萄、石榴、黄瓜、大葱、芝麻……
吃每一餐时，都可以留心观察，餐桌上有哪些食物来自秦汉时期的外国呢？

吃面,吃饼

现在一说到面粉,大家的第一反应就是用小麦磨成的粉;而饼呢,一般是用面做成的扁扁的食物。你知道吗,直到汉朝,文献资料中才第一次出现"面"与"饼"这两个字。这也许说明,直到这一时期,人们才发现,把小麦磨成粉再加工出来更好吃。古人把用面粉做成的各种各样的食物,统称为饼。

西汉中山靖王刘胜的墓中出土了一套石磨,还带着一个铜漏斗。一部分历史学家认为,这是从商周时期的简单石磨逐渐发展而来的;另一部分历史学家则认为,这是沿着丝绸之路从国外传入的。不管怎么说,感谢这样的石磨,让汉朝的人们吃到了越来越精致的面食。当时有一种非常受欢迎的胡饼,直到唐朝还十分流行。

胡饼是用发酵后的面团烤熟后撒上胡麻(芝麻)做成的,口感香脆,有的还会在饼里包上核桃仁馅儿。东汉的汉灵帝就爱吃胡饼,引得贵族们纷纷效仿。

给我来一碗面条。

这在汉朝叫汤饼。

明朝《天工开物》中加工麦面的画面

速食米饭

秦汉时期，人们把米饭或者麦饭晒成干饭，叫"糒（bèi）"，如果是米和麦、豆、高粱混合做成的干饭叫"糗（qiǔ）"，在吃"糗糒"的时候，加入热的汤水泡开，就成了"飧（xiǎng）"，这是古

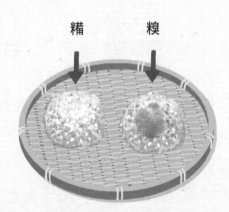

糒　　糗

代的"速食米饭"，但一般只有穷苦百姓图方便才吃。曾经有一位厉害的大人物叫隗（wěi）嚣，他落难时吃了一顿糗糒，居然又羞又气而死。

33

糒

今天我们提到"糒"字，总是跟"出糒""糒事"联系在一起。其实这个字从诞生之日起，就是干粮的意思。把米或面煮熟后挤压在一起，随身携带，需要的时候拿出来吃。这种挤压在一起面目不清的状态，很像一个人懒散、没精神的样子，因此在某些地方的方言中，就用"糒"来形容人窝在某地，或者不体面、不光彩的样子。到了今天，"糒"又发展出了新的意思——形容人做了蠢事、出了丑。

大酱跟大葱的相遇

今天我们吃东西离不开各种各样的酱，甜面酱、豆瓣酱、番茄酱、辣椒酱……酱是用发酵后的食材制作而成的黏稠的食物和调味品。豉（chǐ）是发酵后的豆或麦制成的固态食物，因为加工工艺相似，所以酱和豉经常合称为酱豉。

周朝就已经有酱豉了，《礼记》当中记载有专门为周天子做酱的人员，并且记录下周天子的菜单里有120多种酱，用来搭配不同的食物食用。而到了秦汉，酱豉的制作工艺更为普及，酱也成为上至皇帝权贵、下至平民百姓必不可少的食物，几乎家家都会自己做酱，也有专门的小贩把酱装在瓦罐里售卖。

汉朝的酱品种很多，有用豆和面制成的豆酱，用鱼肉制成的鱼酱，用乌贼、墨鱼制成的鲗（zéi）酱，用海蟹制成的螃蟹酱，用水果制成的果酱。其中豆酱最为常见，据说有的人闻见豆酱气味就饿了，肚子里发出雷鸣般的声音，所以在东汉时人们又把豆酱称为"雷酱"。豆豉也很常见，还可以入药，马王堆汉墓就曾出土过豆豉。

这么说，在汉朝，人们就能吃上大葱蘸酱了？

没那么容易！说起大葱，还有一段故事呢！

汉朝以前，古代中国只有小葱，而大葱是中亚地区的特产。就在今天的帕米尔高原上，有一个长满野葱的地方，古代时叫"葱岭"。张骞出使西域，打通了丝绸之路，带回了大葱的幼苗，在中国栽种。那时的人们很快就喜欢上了这种能够跟各种食材搭配烹饪的调味菜，称之为"和事草"。

据说，汉元帝在位的时候，掌管宫廷饮食的太官（官名）为了让皇帝在冬天也能吃到葱和韭菜，就在屋子里种植，并在屋顶上围了一

瞧瞧我们现在多幸福，不管春夏秋冬都能吃到新鲜蔬菜！

没错，在汉朝只有皇帝才有这样的待遇！

个棚，不分日夜烧着炭火来加热保暖，这可能是最早的温室栽培，也就是我们所说的蔬菜大棚了。

除了酱，餐桌上必不可少的调味料还有醋。传说醋是杜康的儿子用酿酒剩下的酒糟研制而成的。商朝和周朝的天子都喜欢吃醋，但在那个时候这东西叫醯（xī）。一直到了西汉年间，才有了"醋"这个名字，据说还是汉文帝亲自赐名的。

它们来自丝绸之路

西汉建元二年（公元前 139 年），张骞从都城长安出发出使西域。13 年后，他回到长安，出使的任务虽没有完成，却带回了西域的许多珍宝和物产。过了几年，张骞再次出使西域，西汉王朝横贯亚非欧大陆的要道被打通，丝绸之路从此充满了来往商队的驼铃声，而古人也吃到了很多从前未曾品尝过的美食。

黄瓜明明是绿色的，为什么不叫绿瓜呢？

黄瓜就是这时从西域传入的，早期的黄瓜还长有刺，后来才培育出无刺黄瓜。古人把新鲜黄瓜当成蔬菜或水果吃，也用来制作腌菜。

除此之外，蚕豆、豇豆、大蒜、香菜、苜蓿、芝麻，这些都是汉朝时传入的外来品种。

黄瓜成熟后是黄色的，干涩不好吃。人们发现它在青嫩时口感甜爽清脆，于是，人们就不等它变黄就摘啦！

除了蔬菜，还有被骆驼和马匹驮来的美味干果和水果：苹果、葡萄、石榴、核桃、花生……不过有些果品虽然在这时候传入，但直到唐朝才得到普及。

葡萄这个名字是音译，如今大家熟悉的葡萄品种都是汉朝时从西域引进的，甜美的葡萄和醇厚的葡萄酒很快就成为皇家和权贵的新宠。中国本土也有一种野葡萄，《诗经》里曾记载六月可以采野葡萄吃。

石榴原产自波斯（今伊朗），和葡萄在同一时期传入我国。因为石榴子很多，逐渐成为多子多福的象征，极受古人欢迎。

除了外来蔬菜不断丰富古人的餐桌，本土蔬菜也有发展。冬瓜，也叫东瓜，作

南宋画家鲁宗贵在《橘子葡萄石榴图》中画的古代水果
美国波士顿艺术博物馆藏

南宋画家林椿在《果熟来禽图》中画的古代苹果
故宫博物院藏

为中国本土蔬菜，在汉朝逐渐流行起来。冬瓜既可以做蔬菜，也可以用糖或蜜腌制成蜜饯，还可以用酱腌制成酱瓜，古人干脆把酱腌法称为"瓜菹（zū）法"，可见酱瓜多么有代表性，难怪流传了千年之久。

秦朝灭亡后，两支抗秦军队的领袖项羽和刘邦争夺王位，项羽邀请刘邦来赴宴，地点在秦朝都城咸阳郊外的鸿门，想要借此机会刺杀刘邦，不过最终被刘邦逃脱了。这次别有用心的宴会被称为"鸿门宴"。本页画面表现的就是鸿门宴时的场景，但是画家搞错了一些细节，在食案上画了5种此时还没有出现的食物或器物，你能都找出来吗？（答案见本书第118～119页）

吃出新花样

　　东汉末年，皇帝失去了权威。各地涌现出了很多掌控军队的能人，他们相互争斗，都想取代皇帝，建立政权。后来，古代中国形成了曹操、刘备、孙权三个军阀集团三足鼎立的局面，后世称之为三国时期。再后来，曹家的魏国灭掉了蜀汉政权，司马家取代曹家后，又灭掉了东吴政权……一次次的政权更迭，各种政变和战争，使古代中国进入了混乱、动荡时期。不过，就是在这样的历史时期，古人的厨房里、餐桌上依然变出了前人无法想象的新花样，许多吃肉、吃菜、吃主食的新方法纷纷登场，堪称一场伟大的餐桌魔术。

如果你喜欢吃豆腐、饺子、包子、羊肉串或者柿子饼……那么就可以说，你跟三国魏晋南北朝时期的人们有着相似的美食体验！尽管这段历史动荡不安，但它对我们的饮食文化却产生了深远的影响，他们的饮食新花样，我们至今都离不开。

花式吃豆

七步诗

[三国] 曹植

煮豆持作羹，漉菽以为汁。

萁在釜下燃，豆在釜中泣。

本自同根生，相煎何太急？

据说这首诗是曹操的儿子曹植在皇帝哥哥曹丕的逼迫下，只走了七步就作出来的。曹植把兄弟比喻成大豆和豆萁，大豆在锅里哭泣，豆萁在熊熊燃烧，大豆和豆萁都是一个根上长出来的，为什么要自相残杀呢？曹丕听后非常惭愧。曹植七步成诗成为佳话。

曹丕是皇帝，曹植也是皇家子弟，为什么写的诗偏偏是煮豆子？

七步之内就要写出一首诗，一定会选最熟悉的东西，由此可见在那个时候，大豆是人们常吃的食物呀！

《诗经》里面说："中原有菽，庶民采之。"菽就是大豆。我国古代有丰富的野生大豆资源，很早就被古人采集作为食物。大豆的吃法有多少种？聪明的古人一直在开发。最初，古人把整粒的豆子煮成粥或饭作为主食，把叶子作为蔬菜。也许是在无意当中，古人发现把干的豆子泡在水里，只要温度合适，很快就会发出豆芽来，吃起来爽脆可口。这种发豆芽的做法早在汉朝就已经被记录下来。

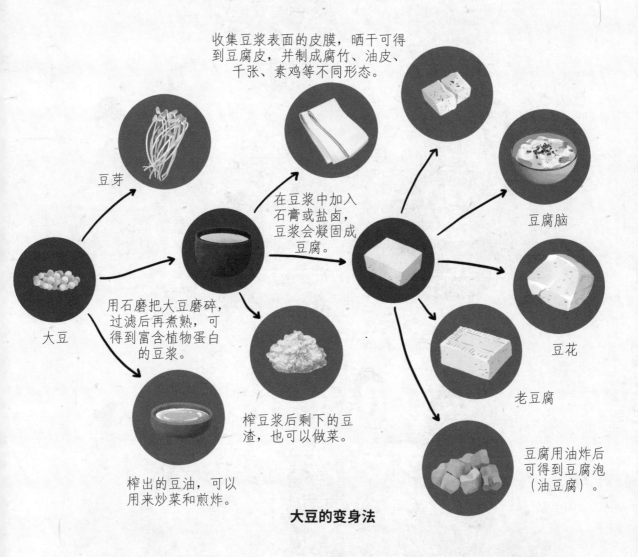

收集豆浆表面的皮膜，晒干可得到豆腐皮，并制成腐竹、油皮、千张、素鸡等不同形态。

豆芽

在豆浆中加入石膏或盐卤，豆浆会凝固成豆腐。

豆腐脑

大豆

用石磨把大豆磨碎，过滤后再煮熟，可得到富含植物蛋白的豆浆。

豆花

老豆腐

榨豆浆后剩下的豆渣，也可以做菜。

豆腐用油炸后可得到豆腐泡（油豆腐）。

榨出的豆油，可以用来炒菜和煎炸。

大豆的变身法

在欧洲的大航海时代初期，长期在海上航行的船员由于吃不到新鲜蔬菜，缺乏维生素的摄入，患上了败血症，生命垂危。而中国人则不怕，只要把一把干豆子带在身边，不需要土壤，就可以"种"出新鲜的豆芽吃，源源不断地保证维生素的摄入。

泡豆

磨浆

滤渣

煮浆

点兑

成型

制作豆腐的主要步骤

在河南新郑出土的东汉时期的打虎亭古墓的壁画上，有完整的做豆腐场景，说明最晚在东汉时期，人们已经掌握了豆腐的做法。到了三国魏晋时期，豆腐的做法变得更为普及。

《打虎亭汉墓壁画》中的做豆腐场景
河南郑州打虎亭汉墓藏

花式吃面

自从汉朝用石磨把小麦磨成面粉，古人便打开了面食的新世界。到了三国时期，我们今天所熟悉的面食——饺子和馒头，就在古人的智慧中诞生了。

传说东汉末年，名医张仲景在冬天出门为百姓看病时，看到很多穷苦人吃不饱、穿不暖，耳朵都被冻烂了。他回到家里沉思了许久，想到一个好办法：他让弟子在城边的一块空地上搭了一个棚子，架起一口大锅，在里面炖上羊肉，放入胡椒和驱寒的药材。等到羊肉炖得软烂，药材完全入味，再把材料全部捞出来剁碎，放到面皮里，包成耳朵的样子，下锅煮熟后送给穷苦人吃。人们吃喝了这种"驱寒娇耳汤"后，浑身发热，耳朵也不会被冻坏了。

难道饺子真是医生发明的?

传说很美好，真假不重要。可以肯定的是，饺子是古代劳动人民智慧的结晶！

博物馆中的饮食

面前摆着花边饺子的三国庖厨俑
四川博物院藏

古时候，人们把这种面食称为"牢丸""扁食"等，经历一系列的发展变化，直到明清时期，"饺子"这个大名才算固定下来。

馒头和包子都是蒸熟的面食，如今一般把没馅儿的叫作馒头，有馅儿的叫作包子。但在古代，有馅儿的、没馅儿的都叫馒头。

传说馒头的发明者是三国时蜀汉的丞相诸葛亮。诸葛亮在率军平定叛乱的南蛮首领孟获时，路遇一条湍急大河拦路。当地蛮人的习惯是砍下人头扔入河水，祭奠河神，保佑自己安全渡河。诸葛亮不忍心伤人性命，便用面团做成人头模样代替，里面包着猪肉、羊肉，称为"蛮头"。

蛮头？这不就是馒头吗？

可是……这分明是包子呀！

据说人们受到诸葛亮的启发，发现这样蒸出来的面食挺好吃的，于是"蛮头"这种吃食就在民间流传开来，并且有了新名字——"馒头"。

不管是馒头还是包子，要想蒸出来松软可口，必须用发酵后的面团。南北朝时期出现了一本农学著作叫《齐民要术》，里面详细讲述了如何制作酵母引子，以用来发面。有了发面的方法，面食的种类就更多了，古人正式进入了花式吃面的时代。

《齐民要术》中还记载了一种名叫"细环饼"的面食的做法，是用水、蜂蜜和小麦粉和（huó）在一起揉捏成细长条再绕起来，最后放入油锅中炸熟。这种面食至今在很多地方还很受欢迎，被称为"馓子"。

"细环饼"就是现在的馓子

花式吃肉

从三国时期来到魏晋时期，烤肉的技术大大进步。古人开始把肉切成小块，穿在细树枝上或专门的叉子上烧烤，和现代人爱吃的烤肉串几乎一样。这样烤肉更容易把握火候，味道也更好。

博物馆中的饮食

画着吃烤肉的人的画像砖
嘉峪关长城博物馆藏

这个时期，如果不喜欢吃烤肉串，你也可以选择烤全羊、烤乳猪。不过这么奢侈的吃法，一般是专属于权贵的。

西北游牧民族的很多吃肉方法也在此时传入中原，比如"胡饭"。

"胡饭"可不是煮烂了的饭，而是将猪五花肉烤熟，跟腌好的酸黄瓜条一起，用薄面饼卷起来吃。今天，许多人在立春时吃的"春饼"，就跟胡饭很像；现在一

春饼

墨西哥鸡肉卷

些快餐店里卖的"墨西哥鸡肉卷"，采用的也是类似的做法。

　　南北朝时期，有一道从西北地区传入中原的名菜叫"胡炮肉"，也叫"炮羊肉"，是往羊肚子里塞入调料，再把整只羊埋进坑里，烧火烤熟。还有一种叫"胡羹"的食物，是用羊的排骨肉加大葱炖成汤，再加上香菜调味而成。

我发现了，古人有很多食物名字里都带一个"胡"字！

凡是从西域传入的，大多带"胡"字，在那个时候算是西餐了！

这时候的人们还会做腊肉。晋朝时期，洛阳城外有座"干脯山"，山上有许多肉脯作坊，作坊里挂满了干肉。

又是面又是肉，是不是觉得有点儿撑得慌？那么快来吃一盘柿饼解解腻吧！柿子被古人称赞为"甘清玉露、味重金液"，原始社会时，古人就会采摘野柿子吃，但是野生柿子大多有涩味儿，爱吃的人不多。南北朝时，人们发明了脱涩法和嫁接技术，使柿子变得美味，柿子树的种植也开始普及。

柿子和柿饼

很快，古人就学会了做柿饼。这不仅仅是一种供人解馋的零食，在粮食歉收的年头，还能用来充饥。

盛世中的味蕾盛宴

　　隋朝在历史上存在的时间很短,很多风俗习惯,包括饮食特点都是承上启下的,没有留下太多笔墨记载。唐朝就值得大书特书一番了——这时,古人的生活变得更加多彩,餐桌上也出现了更多新鲜的美食,似乎是为了印证这大唐盛世的美好,这一时期的甜品和水果格外丰富,快跟我们一起去赴一场甜甜的大唐盛宴吧!

好吃的甜品太多了!要是能去唐朝就好了,那时候的人们以胖为美,我就不用减肥了!

不需要刻意减肥,健康就好!不过去了唐朝,恐怕就没有这美味的冰激凌,也吃不上远方快递来的新鲜水果啦!

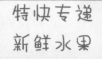

特快专递
新鲜水果

在唐朝，我们偶尔也能吃到冰激凌！

至于远方快递来的新鲜水果嘛，那就是杨贵妃独享的了！

提到唐朝，人们常会用"大唐盛世"来形容它，唐朝到底有多繁盛呢？看看唐朝人的餐桌，也许你会得到答案！感谢隋唐时期的人们，把美味的冰激凌、奶酪甜品、可口的凉面和馅儿饼都摆上了餐桌，并随着悠悠的时光，一直传给了馋嘴的我们。

酸酸甜甜的大唐

在唐朝，更多的水果出现在了人们的餐桌上，它们或是经过漫长的历史时期被培育出的优良品种，或是沿着丝绸之路传入中原大地。总之，如果你爱吃水果，来大唐就对了！

原产于我国的中国樱桃也叫含桃，从周朝就开始种植了。古代的樱桃口味偏酸、个头儿偏小，我们今天吃的樱桃大多是引进的国外品种，口感更甜一些。

唐朝将樱桃视为珍物，皇家有专门的樱桃园，皇帝有时会把樱桃赏赐给妃嫔和大臣。达官子弟在金榜题名后会相互宴请，这时正值樱桃上市，他们在宴会上品尝时鲜的樱桃蘸糖酪（一种类似酸奶的乳制品），搭配上甘蔗汁和美酒，这样的宴会被称作樱桃宴。

荔枝的原产地在中国，汉朝已经开始种植，但一直生长在南方。唐朝的杨贵妃喜欢吃荔枝，皇帝就派遣快马驿使接力把荔枝从南方送到京城长安（陕西西安），这才引出了"一骑红尘妃子笑"的千古诗句。

清朝皇帝就聪明多了，据说他们直接让人在产地把荔枝树种在大盆里，开花时连盆带树

唐朝杜牧的诗歌《过华清宫绝句三首·其一》中有这样的诗句："一骑红尘妃子笑，无人知是荔枝来。"

如今常见的樱桃、葡萄和荔枝，在唐朝时已经成为古人常吃的水果了。

运往京城，抵达时正好果实成熟，现吃现摘，十分新鲜。

龙眼也叫桂圆，原产地也是中国，在唐朝属于珍果。龙眼和龙眼干还被视为滋补之物，很受人们欢迎。

汉朝从西域传入的葡萄，在唐朝初年还是稀罕物，随着唐朝生产的发展，葡萄的种植逐渐普及起来。

葡萄酿制的葡萄酒也非常受欢迎，唐太宗甚至亲自参与酿酒，酿出来的葡萄酒芳香清冽。很多唐诗中都有对葡萄和葡萄酒的描写，可见当时人们对这种水果的喜爱。

凉州词

[唐] 王翰

葡萄美酒夜光杯，
欲饮琵琶马上催。
醉卧沙场君莫笑，
古来征战几人回？

博物馆中的饮食

唐朝的葡萄酒杯——兽首玛瑙杯
陕西历史博物馆藏

来一碗冰奶酪

消夏甜品，一网打尽！公主请品尝。

真棒！我猜古代人一定没有我们幸福，吃着冰激凌，喝着冰茶，估计皇帝也没这待遇！

实际上，如果你穿越到唐朝，正赶上盛夏，没准儿真能吃上冰激凌。早在周朝，古人就知道如何把冬天的冰储存到夏天：向下挖出深深的地窖，冬天时从冰冻的河湖里取出大冰块放进地窖里，一直到夏天，地窖里面的冰也不会全部融化，这时再把冰取出来，根据需要使用。

皇帝和权贵用冰来降低居室的温度，也会把冰敲碎添加到食物里。一碗莲子百合羹里加上碎冰，喝下去真是舒服极了。唐朝还诞生了一种叫"酥山"的美食，把从奶中提炼出来的酥油熔化，在盛冰的盘子上淋成山峦的形状，再插上花朵装饰，跟今天的奶油冰激凌十分相似。

到了唐朝末年，人们在生产火药时偶然发现，硝石溶于水会迅速降低水的温度，于是学会了在夏天制冰。从此以后，制作消夏甜品就更方便啦。

除了冰激凌，还有各种各样的奶酪制品。唐朝已经有很成熟的制作奶酪的工艺了。人们把从牛奶中提取出来的最精华的部分叫作"醍

唐代壁画里的酥山，与今天的冰激凌十分相似。

醐"。醍醐不仅香滑可口，而且还有药效，能够让人感到清凉舒爽、头脑清醒。所以那时候的人们爱吃醍醐，也有人用乌梅、蜂蜜等食物跟醍醐放在一起制成甜点享用，有点儿类似我们今天吃的奶酪杯。

醍醐

奶酪杯

藏在饮食里的成语

【醍醐灌顶】

这个成语的字面意思，是用醍醐浇灌到人的头顶上。古人认为醍醐性凉，有清凉舒爽的药效，把醍醐浇到头上，正好可以让人清醒。唐代诗人顾况在《行路难》一诗中写道："岂知灌顶有醍醐，能使清凉头不热。"

现在这个成语用来比喻灌输智慧，使人彻底醒悟。

跟着杜甫吃冷面

到了唐朝，古人在面食上的探索更进了一步。汉朝就出现在中原地区的胡饼，此时仍深受人们喜爱，并且吃法更多。比如有一种叫作"古楼子"的胡饼，外观像一栋小楼，做法是把用酥油拌过的羊肉馅儿，一层层铺在饼内，每层之间还夹着胡椒、豉等调味品，馅料足有一斤重，最后放进炉中烤制而成。

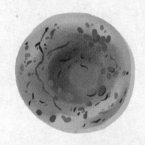

吐鲁番出土的唐朝胡饼

如果你有兴趣，还可以尝一尝饆饠（bì luó，又写作：饆饠）。饆饠是一种类似馅儿饼的面食，只不过包在里面的不限于菜和肉，还可能是甜的水果馅儿。在唐朝的小吃店里，人们可以买到蟹黄饆饠、樱桃饆饠，甚至大蒜馅儿的饆饠。

> 你说，饆饠是不是跟肉夹馍差不多？

> 我估计差不多，只不过肉夹馍是咸的，饆饠还有甜的，唐朝人可真会吃！

还有一种主食叫馓(sǎn)饭，这是一种用杂粮磨面熬煮成的饭食，配菜食用，因为取材方便又美味可口而受到欢迎。唐朝流行的主要是黄米豆面馓饭。

馓饭

如果赶上夏天，吃这些都没胃口，可以尝尝过水冷面。唐朝人称之为槐叶冷淘面，要采嫩槐树叶，捣成汁和面，做成细面条；煮熟后过凉水，加油搅拌后冷藏，吃的时候拌入盐等调料。面条颜色碧绿，口感清凉。大诗人杜甫很爱吃这种冷面，还特意写了一首诗记录它的做法。

槐叶冷淘（节选）

[唐] 杜甫

青青高槐叶，采掇付中厨。
新面来近市，汁滓宛相俱。
入鼎资过熟，加餐愁欲无。
碧鲜俱照箸，香饭兼苞芦。
经齿冷于雪，劝人投此珠。

普通唐朝百姓吃得最多的主粮还是小米，当时长安城内物价很高，小米也不便宜，留下了"长安米贵"的典故。

藏在饮食里的成语

【长安米贵】

唐朝大诗人白居易刚刚到长安的时候，去拜访当时的名士顾况。顾况看到白居易的名字，开玩笑说："现在米价很贵，在长安居住很不容易啊。"等顾况看过白居易的诗句，便改口感叹道："能写出这样的诗句，在长安居住很容易啊。"后来人们便用"长安米贵"来形容在大都市生活费用高昂。

吃鸡,吃鸭,还是吃鱼?

前面讲过,鸡肉在先秦时期非常珍贵,不是一般人能吃到的。到了唐朝,随着养鸡技术的进步,村子里几乎家家养鸡,古人终于拥有了吃鸡自由。当时鸡肉主要作为菜肴,和黄米饭、猪肉等搭配食用,称为"鸡黍",是待客的佳肴。

过故人庄

[唐] 孟浩然

故人具鸡黍,邀我至田家。

绿树村边合,青山郭外斜。

开轩面场圃,把酒话桑麻。

待到重阳日,还来就菊花。

《论语·微子》里有"杀鸡为黍"的典故,后来逐渐被人们当作盛情款待的代名词。在孟浩然的这首诗里,诗人的朋友准备了鸡肉和黍米饭,是

葫芦鸡

非常丰盛的农家饭食了,难怪诗人赞不绝口,在诗的最后一句表示下次还要来呢。鸡肉的吃法有很多,唐朝有道名菜叫"葫芦鸡",工艺复杂,要先清煮,再用笼蒸,最后油炸,流传至今已成为陕西省的一道传统风味美食。后来,人们又发展出了白切鸡、叫花鸡、馕包鸡、辣子鸡、大盘鸡等不同菜肴,所以我们今天才能吃到花样繁多的鸡肉大餐。

鸡肉很美味，鸭肉也不错。唐朝时四川有一道名菜叫"太白鸭子"，是用花雕（黄酒）、枸杞、三七和肥鸭一起煮成，非常滋补。相传这道菜是诗仙李白（字太白）献给唐玄宗的，唐玄宗吃完非常高兴，御赐了菜名。

太白鸭子

鲤鱼在我国的江河湖泊里很常见，是古人最常吃的鱼之一，古人学会养鱼后，主要也是养殖鲤鱼。到了唐朝，因为皇帝姓李，"李"和"鲤"同音，便下令禁止吃鲤鱼。百姓只好在池塘里养殖草鱼、青鱼、鲢鱼和鳙鱼来代替鲤鱼，这四种鱼合称为"四大家鱼"。不过时至今日，鲤鱼依然是大家很喜爱的，红烧黄河鲤鱼、鲤鱼焙面等都是很受欢迎的传统名菜。

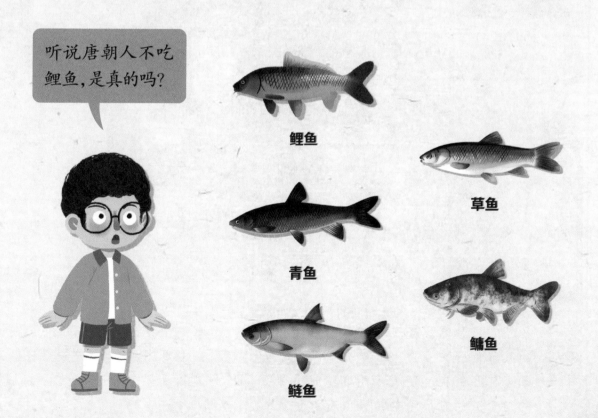

听说唐朝人不吃鲤鱼,是真的吗?

鲤鱼

草鱼

青鱼

鳙鱼

鲢鱼

　　《韩熙载夜宴图》是五代十国时期画家顾闳中的作品，描绘了官员韩熙载设夜宴载歌行乐的场面。瞧，桌子上摆着丰盛的果蔬美食。五代十国是介于唐宋之间的时代，本页图画在临摹《韩熙载夜宴图》（局部）时，错画了一些不属于那个时代的餐食，你能找到吗？一共有6种。（答案见本书第118～119页）

宋朝

吃出**雅致**吃出**美**

　　宋朝商业发达，社会开放，文人阶层受到国家的重视和保护，整个社会呈现出浪漫和文艺的气息。体现在饮食上，浪漫文艺特色也十分鲜明。宋朝的大小城市中涌现出了各种各样的餐馆，繁华的街市上有数不清的点心铺、蜜饯店、饮料店。中国的茶艺自古以来享誉世界，宋朝人更是把一杯茶的仪式感做到了极致。总之，在宋朝，你能够在餐桌上感受到的不仅有美味，更有雅致和美。

好棒啊，有点心，有水果，还有抹茶，今天的派对有好多好吃的！

这是我的好朋友送的抹茶粉，希望大家喜欢！

说起宋朝的餐桌，与以往的历史时期相比发生了很大的变化：饮茶变得十分流行，有点茶，也有冲泡清茶，跟我们现在一样；大街上到处可以买到各种饮料和蜜饯零食，跟我们现在一样；人们吃上了铁锅炒的菜，跟我们现在一样！

来宋朝喝杯好茶

在宋朝，文人雅士喜欢聚会，他们把这叫"雅集"。一旦聚到一起，有几件事是一定要做的：写字、挂画、焚香、煮茶。由此可见，喝茶不仅是为了解渴，也是一件有仪式感的雅事。

似乎宋朝的文人格外喜欢喝茶，难道茶是这时候才被人们发现的吗？

茶的历史很悠久，只不过到了宋朝，人们格外喜欢喝茶而已！

茶树的故乡在中国，我国饮茶的历史足有 3000 年之久。饮茶之风最早兴起于巴蜀一带，当时喝茶的方式是直接煮新鲜茶叶。秦汉时期，饮茶的风俗逐渐向中原地区传播。到了东晋，饮茶已经成为士族贵官的雅好，江南一带因此开辟了很多茶园。

到了唐朝，茶已经风靡全国，一个叫陆羽的人专门编写了经典著作《茶经》。这时的茶叶是晒干或风干后做成的饼茶、团茶，便于保

存和运输。当时人们喝茶要
把茶饼捣碎,研成细末后加盐、
姜等调味料一起喝,类似现
在南方的擂茶。

饼茶和团茶

现代的擂茶与唐人喝茶的方法相似。

宋朝的茶叶仍然以
饼茶、团茶为主,工艺
和唐朝相比变化不大。
但是宋人在饮茶的时
候,要把成块的饼茶、
团茶先碾成很细的粉
末,然后直接用开水冲
泡,这种茶类似今天的
抹茶。

临安春雨初霁

[南宋] 陆游

世味年来薄似纱,谁令骑马客京华。
小楼一夜听春雨,深巷明朝卖杏花。
矮纸斜行闲作草,晴窗细乳戏分茶。
素衣莫起风尘叹,犹及清明可到家。

南宋大诗人陆游在诗中，写出了雅致的文人在春天里消遣时光的活动：写字、分茶。分茶，也叫点茶，是品茶前的游戏，先让茶末和水充分交融成乳状，再让茶汤表面的汤花形成不同图案，类似今天的咖啡拉花。而斗茶，就是人们互相比拼点茶的技艺。

分茶形成的金鱼荷花图案

宋代名茶多达百种，还出现了花茶等新品种，当时的茶叶名牌——龙凤团茶在全国享有盛誉。难怪古人说"茶兴于唐，盛于宋"。

宋朝的茶艺对后世影响很大，比如抹茶到今天仍是一种重要的茶饮方式，还被用来制成抹茶味的糕点。日本有一位禅师曾到大宋游历，把宋人喝茶的方式带到日本，并迅速在日本流行开来。如今，日本的茶道里依然有中国宋朝茶艺的影子。

韦鸿胪（茶炉）：
生火之茶炉，外围竹篾，用来烘烤茶饼。

木待制（茶臼）：
木制，碗状，用来将茶饼捣碎。

金法曹（茶碾）：
金属制，将茶进一步碾碎成粉末。

石转运（茶磨）：
石制，研磨茶粉用，将茶粉进一步磨细。

胡员外（茶入）：
葫芦制，暂时盛放茶粉的小瓢。

罗枢密（筛子）：
罗绢做的细密筛网，可筛取极细的茶粉。

宗从事（茶帚）：
棕榈制，用来扫拢茶粉。

漆雕秘阁（盏托）：
茶托，用来承载茶碗。

陶保文（茶碗）：
宋代著名的建窑所产的"兔毫盏"。

汤提点（汤瓶）：
盛装热水的用具，用来往茶碗里注水。

竺副帅（茶筅）：
竹制，用来搅拌茶粉和水。

司职方（茶巾）：
丝织品，用来清洁茶具。

由于饼茶和团茶加工费劲，随着饮茶习惯在民间普及，人们更倾向于无须烹煮的草茶，这种茶可以直接用开水冲泡。到了明朝，叶茶、芽茶开始流行，茶叶制作出现了炒青法，黑茶、红茶、白茶等也陆续出现，古人喝的茶和现在的茶已经没有太大的区别了。

日本茶道茶具

在宋朝的文学作品中，我们能看到用"茶饭"指代饮食的说法，茶在宋代人日常生活中的地位可见一斑。把"柴米油盐酱醋茶"并列为生活的必需品，也是从宋朝开始的。

奶茶店与路边摊

我不喜欢坐着喝茶，对我来说，在路边摊买一杯奶茶，边喝边逛是最好不过的。

没问题啊，你这点儿要求，在宋朝就能得到满足！

现在满大街都是奶茶店，里面几十种饮料，让人目不暇接。可是宋朝人并不需要羡慕现代人，因为他们喝的饮料花样繁多，一点儿也不逊色。

　　走在宋朝的街头，你会发现很多小贩在卖各色酒水饮料，有荔枝膏、梨膏、枇杷膏、沉香水、江茶水、杨梅渴水、木瓜渴水、紫苏饮、梅花酒、杨梅酒、绿豆水、椰子水、甘蔗汁等几十种。你要是只爱喝果汁，也可以买到鲜榨的葡萄汁、柑橘汁、杨梅汁，还有发酵的枣醋、桃醋、葡萄醋、柿子醋……这么多饮品，宋朝人挺懂享受的吧。

宋朝街头的酒水饮料

宋朝还有专门消夏的冷饮，比如甘草冰雪凉水、砂糖冰雪冷丸子、雪泡豆儿水等。还有一种名叫乳糖真雪的冷饮，是用奶和糖浇在冰沙上的，这不就是刨冰吗？

古人发现米汤发酵后，会变成一种颜色发白、口味微酸的饮料，称为浆。老百姓可以在家中自制浆，还有很多以卖浆为生的小贩。帝王家也喝浆，周朝就有专门的官员叫"浆人"，负责为天子供应浆等饮料。

浆一般加热饮用，如果用凉浆招待客人，那是待客不周的体现。后来，古人开始专门用粮食发酵制浆，还往浆中添加各种原料，出现了桂浆、蔗浆、蜜浆、松浆、酪浆等饮料，以至于浆一度成为所有饮品的代称。

宋朝的大街上还可以很方便地买到各种蜜饯零食。蜜饯是用糖浆、蜂蜜、盐等腌渍的果品，大约出现于宋朝。宋人的蜜饯种类丰富，有枣脯、杏脯、梨脯、桃脯、苹果脯、果丹皮、蜜枣、蜜饯杏、蜜饯樱桃、蜜饯柑橘、蜜渍枇杷、盐渍杨梅、糖渍杨梅、酱渍甜瓜、盐藏甜瓜、蜜渍西瓜皮、酱藏西瓜皮、荔枝煎等。有一些古代的蜜饯，现在已经不常见了。

宋朝人还爱吃炒货，爱嗑炒过的西瓜子、南瓜子，或者在冬天里吃热乎乎、香喷喷的糖炒栗子。

宋人可以吃到的各种蜜饯

喝着果汁，嗑着瓜子，吃着糖炒栗子，这跟我现在的生活差不多嘛！

不过宋朝时还没有我们现在吃的葵花子，因为向日葵要到明朝才传入我国。

西瓜子

南瓜子

糖炒栗子

走，下馆子去

在宋朝，古人除了在家里吃饭，还可以下馆子。世界上最早的、功能齐全的饭馆，诞生在北宋的都城开封。饭馆一经诞生，就迅速发展扩散，从北宋到南宋，大大小小的城市里，既有装修得富丽堂皇的星级大饭店，也有物美价廉的路边小吃摊。不管你是达官贵人，还是平民百姓，都可以下馆子吃饭。这种在城市里遍布餐馆的景象，直到700多年以后，才出现在法国首都巴黎。

在宋朝下馆子，能吃什么呢？

我们常常说"煎炒烹炸"，实际上在宋朝之前的漫长历史中，由于油是稀缺资源，煎、炒、炸这三种做法都是很少见的。到了宋朝，随着经济发展，芝麻油、大麻油、杏仁油、菜籽油等各种食用油的压榨工艺越来越成熟，食用油的使用更加普及，人们做菜便舍得用油了。这才出现了煎豆腐、煎鱼、煎鲞（xiǎng）、煎茄子等各种"煎"出来的菜品，并且出现了花样繁多的油炸食品，如油饼、油炸夹儿、油炸春鱼等。最有名的油炸食品要数油条了。油条还有个名字叫"油炸桧"，据说是南宋百姓为了表达对陷害岳飞的奸臣秦桧的愤恨，把面团捏成秦桧夫妇的样子下油锅炸，由此得名油炸桧。

宋朝人写的书中记录过的各种油炸小菜

"炒"这种烹饪方式需要的金属炊具，在南北朝的时候就已经出现了。北朝的《齐民要术》中就有用铜锅炒鸡蛋的记载。到了宋朝，炼铁技术更加成熟，薄底铁锅走进了千家万户。于是，北宋的大街小巷飘出了炒菜的香味儿。

博物馆中的饮食

宋朝铁锅
上海嘉定博物馆藏

跟前朝相比，宋人的餐桌上增添了新蔬菜，外来的有丝瓜、青笋和菠菜。菠菜的原产地在波斯（伊朗），唐朝时经尼婆罗国（尼泊尔）传入我国，到宋朝已经很常见。

原产地在中国的萝卜，寂寞了几千年，到唐朝人们才普遍栽培它。到了宋朝，萝卜有了红色、白色、绿色等不同品种。茭白也是本土蔬菜，也是到了宋朝才变得常见。

丝瓜

菠菜

茭白

博物馆中的饮食

清代人雕的象牙萝卜，让人忍不住想咬一口，上面还有一只蝈蝈
河南博物院藏

西瓜大约在五代时从西域传入我国，更早之前的人还没有吃西瓜的口福。到了宋朝，西瓜已成为常见的夏季水果，古人也能像我们一样捧着西瓜大快朵颐，消暑纳凉。

大美食家苏轼吃什么

宋朝的很多文人都是美食家，其中最具代表性的就是大文豪苏轼（号东坡居士，后人常称他为东坡先生）。

苏轼政治生涯坎坷，可他非常乐观。第一次被贬官时，苏轼在湖北黄州亲自种田、养鱼、挖笋，把新收的大麦做成大麦饭，又用大麦和红豆做二红饭，好吃又有营养。

苏轼发现当地人不爱吃猪肉，是因为不知道怎么把猪肉做得好吃，于是他研发出一道流传至今的美食——东坡肉，并专门写了一首词。

二红饭

猪肉颂

[宋] 苏轼

净洗铛，少著水，柴头罨烟焰不起。
待他自熟莫催他，火候足时他自美。
黄州好猪肉，价贱如泥土，
贵者不肯吃，贫者不解煮，
早晨起来打两碗，饱得自家君莫管。

东坡肉

为什么苏轼说"贵者不肯吃"呢？因为在宋朝，皇帝和官员都格外喜欢吃另一种肉——羊肉，而猪肉在他们眼里是上不了台面的下等肉。据记载，宋真宗时期，御厨每天要宰杀350只羊；北宋朝廷还规定，每个月按照品级给官员发放2～20只"食料羊"作为工资的一部分。

百姓也喜爱羊肉，在街头大大小小的饭馆，有炖羊肉、蒸羊头、羊肚、羊腰、羊杂碎……各种各样的吃法层出不穷，大街小巷弥漫着羊肉香。

我不爱吃羊肉，想吃点儿牛肉，行吗？

不行！古代为了保护耕牛，往往禁止吃牛肉，宋朝也不例外！

苏轼怎么会不知道羊肉的鲜美呢？只是在贬官期间，生活条件有限。第二次被贬到广东惠州的时候，他为了解馋，买来便宜的羊脊骨，先煮再烤，无意中发明了一道美食——羊蝎子。

羊蝎子

惠州盛产荔枝、卢橘、杨梅等水果，苏轼非常爱吃这些水果，还留下了"日啖荔枝三百颗，不辞长作岭南人"的诗句。

第三次被贬，苏轼到了海南的儋州。这里的海边到处都有生蚝，苏轼又研究出了烤生蚝的吃法，真是走到哪儿吃到哪儿的乐观美食家。

苏轼写的诗词，很多都与吃有关，也透露出宋朝人对美食的讲究，以及在吃中追求的仪式感。例如，春天来临的时候，苏轼写道："渐觉东风料峭寒，青蒿黄韭试春盘。"春盘，是宋人在立春或春节时吃的

烤生蚝

一种节庆食物。苏轼所吃的春盘有青蒿和韭黄，而宋人还有用大蒜、韭菜等摆的春盘，如果凑够5种味道辛辣的菜，就叫"五辛盘"。

宋人在过年的时候还会在餐桌上摆一盘"百事吉"，就是把柿子、橘子和柏树枝放在一起，柿子和橘子都要掰开，摆出一个好看的造型，寓意新的一年里百事吉祥。

宋人吃饭的方式也有一个重大的变化。宋朝之前，古人大多一日两餐，席地而坐，每人面前摆一张低矮的食案。到了宋朝，人们开始习惯使用高桌，吃饭时不是一人一桌，而是围桌而坐。

宋朝人的生活处处体现着文雅和美感，真让我们这些现代人自叹不如啊！

不要妄自菲薄啦，宋朝人吃饭的方式跟咱们现在很接近呢。

元朝

民族饮食，丰富多彩

　　来自蒙古高原的蒙古人建立了元朝。蒙古高原广布草原和沙漠，气候寒冷干燥，蒙古人因此形成了独特的饮食习惯和饮食文化。他们进入中原后，与汉地的人们相互交流、相互影响，再加上与其他民族的融合，大家共同塑造了中华美食，形成了丰富多彩的饮食文化。

　　元朝人跟我们一样喜欢吃奶酪、喝牛奶，还会冲奶粉喝。在这个略显神秘的历史时期，我们今天很多人的最爱——涮羊肉被发明了出来，各民族的美食也进一步融入中华美食大家庭，让今天的餐桌更加品种丰富。

大口喝奶,大块吃肉

元朝人把奶制品称为白食,是其最重要的食品。除了牛奶和奶粉,元朝人还会制作乳酪、酥油、醍醐、马奶酒、奶干、乳团、乳扇等奶制品,吃法丰富多样。著名的《马可·波罗游记》记载,元朝军队里官兵携带一种干燥的粉末状牛奶作为食物,吃的时候加水搅匀就行。这不就是奶粉吗?

是蒙古人把喝牛奶的习惯带到中原的吗?

那倒也不是,唐宋时期,人们就喜欢喝牛奶,只不过到了元代,奶制品的花样更多啦!

蒙古人以放牧为主的生活方式,决定了他们的饮食中肉和奶的重要地位。

羊、牛、马、骆驼都可以提供肉和奶,由于牛、马、骆驼都有其他用处,因此蒙古人一般只吃羊肉。在草原上生活的时候,他们吃肉的方式比较简单,一般都是烧烤和炖煮,进餐时,一大群人聚在一起用小刀分食。

藏在饮食里的成语

【推杯换盏】

杯和盏都可以盛酒,这个成语的意思就是喝酒时频繁举杯,互相敬酒,气氛融洽。其中换盏是蒙古族的饮酒习俗,大家轮流用一个酒盏喝酒,据说最早是为了防止有人在酒中下毒。

博物馆中的饮食

清代紫铜龙箍东布壶
是蒙古族人用来盛奶茶的器皿
内蒙古博物院藏

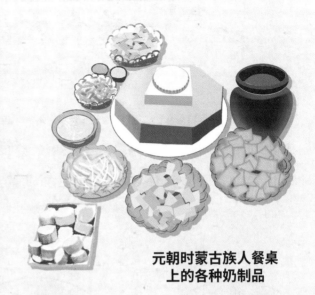

元朝时蒙古族人餐桌
上的各种奶制品

随着元朝的建立，羊肉的吃法也越来越丰富了。

比如马思吉汤，是用香料、鹰嘴豆熬汤，再捞出配料，把汤继续和鹰嘴豆、香米等熬煮，最后加上羊肉、香菜制作而成。

再比如柳蒸羊，要在地上挖坑当炉子，里面放上烧红的石子，把不剃毛但是去除内脏的羊搁在铁箅子上放进去，再盖上烧红的石头，用柳叶条覆盖，最后盖上土。

最著名的要数涮羊肉，将切薄的羊肉片放进热水里略微烫煮即可食用，传说，这种吃法是元太祖忽必烈的厨师发明的。当时忽必烈急于吃完饭去打仗，厨师来不及炖煮羊肉，灵机一动创造了这道美食。

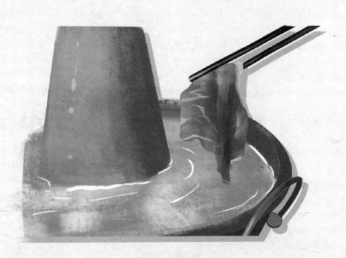

铜锅涮肉

美食大融合

蒙古帝国地域辽阔，民族众多，受不同民族的影响，蒙古人非常喜欢在食物中加入香料，如陈皮、草果、茴香等。当时，人们就连吃饼也要加入茴香，使饼的味道更加丰富。

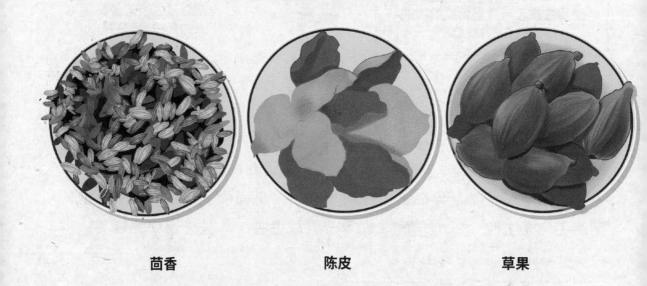

茴香　　　　　　　　　陈皮　　　　　　　　　草果

建立元朝后，蒙古人的饮食和汉人的饮食互相影响。每年，大量江南地区产出的稻米沿着大运河运往大都（今北京），大都人已经可以很方便地吃到米饭。在大都城里，还有不少卖馒头、稍麦、匾食、烧饼、挂面的食品店，兼具不同民族的饮食特色。南方的人们也喜欢上了羊肉、驼峰肉等。在达官贵人置办的酒宴里，南北方各族饮食已经完美融合。

元朝宫廷里有一种包子，馅料用羊肉、羊脂、羊尾、葱和陈皮加上盐和酱料搅拌而成，皮用豆粉和面制成，蒸熟后呈半透明状，叫水

如今的内蒙古稍麦

晶角儿。

　　除了包子，饺子、烧卖也是元朝常见的面食。饺子当时叫匾食。烧卖在南方主要包糯米等馅料，蒙古人把烧卖称为"稍麦"，里面包上肉馅儿。

　　元朝的版图内，囊括了今天我国许多民族的聚居地，很多独具特色的饮食也在这一时期流传开来。

　　畏兀儿人是今天的新疆维吾尔族的祖先，他们有一道美食叫搠（shuò）罗脱因茶饭，是将白面按成一个个小铜钱模样，加入羊肉、羊舌、山药、蘑菇、胡萝卜、姜等作料，用肉汤一起炒，再加上葱和醋调味。畏兀儿人擅长种葡萄，酿的葡萄酒也很有名，至今新疆的吐鲁番还是

虽然没有吃过搠罗脱因茶饭，可是美味的吐鲁番葡萄，我们现在想吃就吃！

除了甜甜的水果，少数民族地区的蔬菜品种也很多。

著名的葡萄产地。

　　秃秃麻食是元朝最具代表性的回族美食之一，做法是将白面和好捏成小面饼，煮熟后淋上羊肉丝熬煮的肉汤。蒙古人在西征时，还将

你的面疙瘩汤就是元朝的特色美食啊！

这不就是我爱吃的面疙瘩汤吗？

秃秃麻食的做法带到了其他国家和地区，当地至今还有类似的美食。

　　现在有些地方的人们在立春的时候吃炸春卷，据记载，春卷很可能就是源于元代的回族食品，原来

现在的炸春卷

叫"卷煎饼"。至于后来为什么没有人把它当作民族特色食品，反而成了家喻户晓的大众小吃，已经无从知晓了。也许是因为太好吃了，各民族的人们都喜欢，就迅速流传开了吧。

女真是今天的满族的祖先，在元朝之前曾经建立金朝，他们传下来的美食有好几种。其中有一道美食叫蒸羊眉突（"羊眉突"是女真语羊肉段的意思），是把去除毛皮、内脏、头尾和四肢的肥羊切成小块，用肉汤加作料浸泡，再将羊肉块蒸烂后食用。此外还有塔不刺鸭子、野鸡撒孙、柿糕、高丽栗糕等。

蒸羊眉突

吃了羊肉，骑马才有劲儿！

博物馆中的饮食

粉彩糌粑盒
西藏博物馆藏

元朝管辖着藏族人民聚居的青藏高原，青藏高原气候寒冷，大部分农作物无法生长，只能种植青稞（一种大麦）。青稞就成了藏族人民的重要食物。他们一日三餐吃的糌（zān）粑就是用青稞粉做的，青稞还可以酿成青稞酒。

海上丝路颠覆餐桌

　　明朝明成祖时期，大航海家郑和七次下西洋，加强了明朝与海外各国的联系，也促进了东西方文明的交流。一大批来自海外的食物，尤其是美洲的食物传入我国，比如辣椒、马铃薯、番茄、玉米……简直难以想象，要是没有这些食材，我们现在该少了多少美食啊。

没错，马铃薯、红薯和玉米都来自海外，是名副其实的洋美食呢！

想不到，马铃薯、红薯、玉米这些现代人餐桌上常见的食物，竟然是到了明朝才传入我国的。海上丝绸之路再次引发了餐桌革命。明朝人的餐桌跟我们今天的餐桌相比，已经越来越接近了。

美食漂洋过海而来

马铃薯俗称土豆，从形态上看是"生长在土里的豆"，不过从它远渡重洋的经历看，应该是名副其实的"洋豆"。难怪在很多地方，它又被称为洋芋或者番仔薯。马铃薯和玉米、红薯一样，都是原产于美洲大陆的，大约在 500 多年前的大航海时代，欧洲人发现了美洲新大陆，这些作物后来又辗转通过海上丝绸之路来到我国。

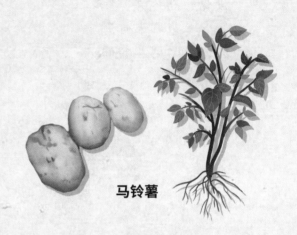

马铃薯

在明朝，马铃薯的吃法主要是整个蒸熟或煮熟，有条件的蘸点盐巴来吃。

马铃薯、玉米、红薯的产量较高，也不挑田地，被认为不如小麦、大米珍贵。在中国扎根之后，它们就成为平民百姓填饱肚子的粗粮被广泛种植。

明朝人吃玉米的方式和现在差不多，可以直接整根煮熟吃，也可以加工成玉米糁煮粥，或加工成玉米面再做成糕、饼、馒头、窝头等主食。

红薯

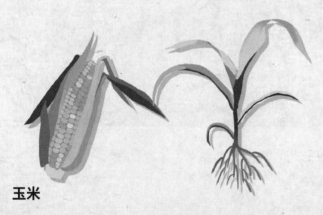

玉米

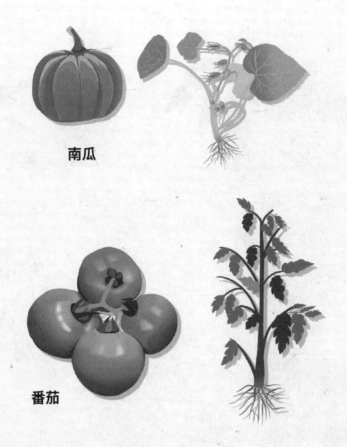

南瓜

番茄

　　红薯口味偏甜，明朝人也经常把它掺进粥、饭里吃，或者煮红薯、烤红薯，把红薯切成片晒干来吃。

　　我们今天常吃的南瓜，老家也在美洲。明朝人夏天常吃南瓜，既能当菜，又能当主食，还能用来做甜品点心。西葫芦、笋瓜都是南瓜的变种。

　　番茄是茄子的亲戚，原产于美洲，明朝传入我国，一开始只被当成观赏植物栽培，后来才开始作为蔬菜种植，所以明朝以前的人们是吃不到番茄炒鸡蛋这道菜的。

　　明朝时，一些美味的水果也传入我国：有原产自南美洲的菠萝，还有原产自南亚、东南亚的杧果。一些跑远洋的船员非常喜欢杧果，据说吃杧果能缓解晕船带来的不适。

　　花生是很多人喜欢的干果。我国在 4000 年前就已经有自己的花生品种了，不过种出的花生并不好吃，也没有普及。现在我们所熟知的

杧果　　　　　　　　　　菠萝

花生品种原产于南美洲，明朝时传入我国。所以在明朝之前，古人的餐桌上是没有花生米的。

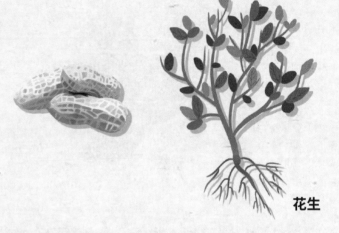

花生

为什么胡萝卜不叫番萝卜，番茄不叫胡茄呢？

你也许已经发现，很多蔬菜水果前面有胡、洋、番这样的字样，往往代表着它们来自国外。而这几个字的用法又有什么讲究呢？

一个比较简单的区分方法是，汉朝至隋唐时期，从西域以及西域以西的区域，沿着陆上丝绸之路传入的东西，往往在名称前加个胡字，比如前面讲到过的胡饼、胡炮肉等，黄瓜也曾被称作胡瓜；宋元至明清时期，沿着海上丝绸之路从欧洲、美洲、印度等地传入的东西，往往会在名称前加"番"或"洋"，比如番薯、番茄、洋芋等，玉米在某些地方还被称作"番豆"。还有个特殊的字是"倭"，在我国古代专指日本，有些地方把南瓜叫倭瓜，大概是因为古人曾经误认为南瓜是从日本引入的吧。

白菜、茄子的崛起

在历史的长河中,许多蔬菜都在经历成长和变化,有的菜原本不起眼,变着变着,就成了大江南北餐桌上的宠儿,最典型的就是白菜。

白菜是我国自有的蔬菜品种,早期只在太湖地区常见,唐朝时已有几个品种,之后品种越来越多,形态各异的菜薹(tái)、油菜、菜心、乌青菜、鸡毛菜、大白菜都是白菜的不同品种。由于我国北方地区冬季寒冷,可以长时间保存的大白菜就成了最重要的蔬菜之一。

茄子也是明朝时崛起的重要蔬菜。茄子原产于东南亚,汉朝就已传入我国南方,到唐朝和宋朝时已经比较常见。最早的茄子是紫色的小圆茄子,明朝人培育出了很多茄子品种,有的长,有的圆,和我们现在看到的茄子差不多,茄子也成了家家户户常吃的蔬菜。

博物馆中的饮食

翠玉白菜,用一整块白绿相间的翠玉雕刻而成,栩栩如生
台北故宫博物院藏

《红楼梦》里出现过一道著名的茄子菜,叫茄鲞,做法非常复杂:把茄子去皮后的肉切成碎丁,用鸡油炸,再把鸡胸肉、香菌、新笋、蘑菇、五香豆腐干、各色干果都切成丁,用鸡汤煨干,用香油一收,加糟油一拌,盛在瓷罐里封严实,要吃的时候拿出来,用炒好的鸡腿、鸡胸肉拌着吃。《红楼梦》的作者曹雪芹生活在清朝,而他着意描绘的却是明朝贵族家庭的生活,这道茄子菜,想必有真实的出处。

多滋多味的餐桌

　　酸、甜、苦、辣、咸，五味调和是老祖宗留下来的烹调真理，最核心的调味料当然是盐了。盐有着悠久的发展史，自始至终伴随着人们的餐桌。盐是咸的，可以和各种食材搭配，制作出各种各样奇妙的美味。例如今天很多人喜欢吃的火腿，就是盐与熏肉相结合而成的一种美妙食物。

　　火腿的制作起源于唐宋时期。到了明朝，各地又有了自己独特的做法，形成了不同的流派，金华火腿在此时已经是著名的特产，以色泽鲜艳、红白分明、瘦肉香咸带甜、肥肉香而不腻著称。

古法制作火腿（想象图）

　　火腿在明朝时期又叫"火肉"，做法是将猪腿擦盐，用大石压在缸中约 20 天，然后用稻草烟熏一天一夜，最后挂在厨房等有烟的地方长期烟熏保存。

除了盐，另一样关键的调味料是糖。古人善于在枣、栗和蜜中提取甜味用在饮食之中，还会用粮食制作麦芽糖。麦芽糖中比较稀软的，古人称之为饴（yí）；坚硬一些的，古人称之为饧（táng）。现在我们熟知的白砂糖，大多来自甘蔗。早在汉朝，西域商人就通过丝绸之路带来了印度砂糖。到了明朝，聪明的中国人找到了加工白糖的工艺，从此餐桌上的甜又多了几分。

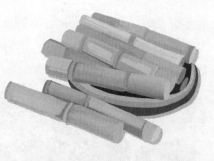

甘蔗

藏在饮食里的成语

【甘之如饴】

　　这个成语的意思是虽然承受了艰难痛苦，却如同吃到了糖一样甜，形容甘愿承受艰难、痛苦。古人在没有吃到蔗糖的时候，印象最深刻的糖就是饴糖了，因此常以饴来指代甜甜的东西。成语"含饴弄孙"，意思是含着糖逗小孙子玩，形容老人悠闲幸福的晚年生活。

明朝时，欧洲列强已经开始殖民活动，荷兰人用各种强制手段在台湾岛开垦甘蔗园，中国的台湾地区一度成为荷兰东印度公司最重要的蔗糖产地，被称为"东方甜岛"。

今天的餐桌上还有一种味道几乎已不可缺少，那就是"麻辣"。要想有麻辣的滋味，必不可少的是胡椒和辣椒。早在汉朝，原产于印度的胡椒就已经传入了我国，不过在很长的历史时期内，并没有被真正端上老百姓的餐桌。到了明朝，郑和下西洋的船队再次从海外带回了胡椒。渐渐地，胡椒被越来越多的人喜爱，最终成为餐桌上必不可少的一味调料。

明朝以前，哪怕是四川人、湖南人可能都不知道辣椒是什么东西，他们在食物当中加入的辣味料，主要是花椒、茱萸和芥末。明朝末年，辣椒由原产地墨西哥等地辗转传入了我国，一开始也只是在浙江一带作为观赏植物来种植，后来才被端上了餐桌！

胡椒

辣椒

快走，筷子

传说筷子是大禹发明的，他治水时经常因为工作繁忙而急着吃饭，但刚做好的饭太热没法下手，又没随身带勺子（当时叫"匕"），就折了两根树枝夹取食物，这就是筷子的雏形。筷子的运用是一个逐渐发展和普及的过程，一直到唐宋，人们虽然用筷子，但也经常用勺子（当时叫"匙"）来吃饭。尽管有着这么悠久的历史，"筷子"这个名称的诞生，却是明朝后才有的事。

早期人们称筷子为箸（zhù），商朝时已经有奢侈的象牙箸。后来又出现了金属箸，古人认为铜箸有毒，铁箸容易生锈，而银能试毒，所以富贵人家多用银箸或者镶嵌金银的竹木箸。

博物馆中的饮食

新石器时期的骨匕
宁夏博物馆藏

新石器时期的骨箸
扬州博物馆藏

清代紫檀镶金嵌玉箸
故宫博物院藏

　　到了明朝，南方一些地区行船的人不喜欢说"箸"。因为"箸"和"住"同音，行船最怕停住，他们希望自己的船"快"点儿走，就把"箸"称为"快子"。南方的"快子"多是用竹子做的，"快"加上竹字头就变成了"筷"。

明朝人的餐桌跟咱们现在的已经很像了！

是啊！番茄炒蛋、拔丝红薯和煮玉米都有了，辣椒也有了，而且他们也把筷子叫筷子！

好吃的不止满汉全席

　　说起清朝餐桌的美食，"满汉全席"的知名度也许是最高的。满汉全席是一种集合了汉族和满族传统菜肴的宴席，曾经是清朝皇家和权贵才能享用的美食。实际上，清朝的饮食习惯与我们现在已经十分接近，好吃的可不止满汉全席。

　　从清末到民国，越来越多的外国人来到中国，品尝中国美食的同时，也带来了他们的特色饮食，我们统称为西餐。不过那时候的西餐跟现在的西餐比，还有许多不同之处，一起去看看吧！

我觉得这川菜做得不地道，用的不是咱们中国的辣椒！

可能是经过外国厨师改良的融合菜吧！

涪（fú）陵榨菜、六必居酱菜、北京烤鸭、冰糖葫芦……
你确定这些食物清朝时就有了？没错！虽然满汉全席略显神秘，
可是清朝时期的民间饮食，我们却十分熟悉。

满汉全席什么样

清朝的统治者是满族人，而国内人口以汉族居多，宫廷设宴时为了照顾不同民族的饮食习惯，开设了满席和汉席，合称满汉席。

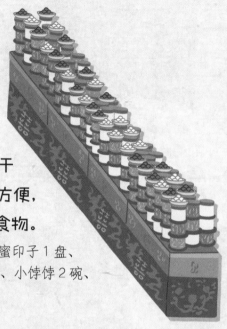

满席分为6等，席上主要是各色饽饽和干果。满族人将糕点等食物称为饽饽，饽饽携带方便，吃了扛饿，是习惯渔猎征战的满族人常吃的食物。

一等满席的菜单：玉露霜4盘、方酥夹馅4盘、白蜜印子1盘、鸡蛋印子1盘、黄白点子2盘、松饼2盘、大饽饽6盘、小饽饽2碗、红白徽枝3盘、干果12盘、鲜果6盘、砖盐1碟。

宫廷饽饽宴上摆好的各种饽饽

现在一些地方还保留着在节日里做各种花式饽饽的习惯。

如果是你，选满席还是汉席？

满席中的很多菜名都没听过，不过感觉好丰盛啊！

汉席分为3等，有鸡鸭鱼肉等肉菜，也有蔬菜、水果，做法以蒸煮炖炒为主，比较符合汉族人的口味。

一等汉席的菜单：鹅、鱼、鸡、鸭、猪肉等肉菜23碗，果食8碗，蒸食3碗，蔬食4碗。

清朝宫廷曾举办过一种著名的盛宴，名为"千叟宴"，也就是以皇家名义宴请天下的长者。千叟宴规模很大，在乾隆皇帝举办的一次宴会上，足有800席3000多人赴宴。

千叟宴的宴桌按等级分为一等和二等。一等桌上摆一个银火锅和一个锡火锅，二等桌上摆两个铜火锅。除了火锅外，还有荤菜、点心、小菜、主食等。

民间的味道更诱人

皇家的宴席，往往仪式大于内容，满汉全席中的食物并不一定都可口。而民间的味道，往往更让人垂涎。清朝的餐桌总体来说跟明朝有很多相像的地方，随着人口的增长和一段时期的社会安定、经济发展，人们的饮食更加精致。

袁枚是清朝著名的诗人、散文家，他酷爱美食，把40多年的美食经验写成了《随园食单》。《随园食单》里记录了300多种菜肴食物，还有名茶和名酒。书中光豆腐的做法就有9种，袁枚自己也说"豆腐煮得好，远胜燕窝"。其中有一道蒋侍郎豆腐，做法是豆腐两面去皮后切片晾干，用猪油热锅后下豆腐片两面煎熟，加盐，再加醪糟和虾

蒋侍郎豆腐

米滚泡两小时，加酱油煮沸，再加糖煮沸，就可以出锅了，做法非常精细。

今天我们到北京旅游，总要吃上一顿地道的北京烤鸭，这道菜也是在清朝形成的。明朝先定都南京，后来迁都北京，据说皇室最喜欢吃的南京烧鸭也随之传入了北京。到了清朝晚期，北京的全聚德烤鸭店开始采用宫廷的挂炉烤鸭技艺，使得北京烤鸭的名声四起，成为全国烤鸭中的佼佼者。

如今挂炉烤鸭和焖炉烤鸭是北京烤鸭的两大流派。挂炉烤鸭要挂在以果木为燃料的火炉上烤，烤出的鸭子外观饱满，颜色枣红，鸭皮薄脆，外焦里嫩。而焖炉烤鸭是在焖炉内烘烤鸭子的，不见明火，烤出的鸭子外皮油亮酥脆，肉质洁白细嫩。

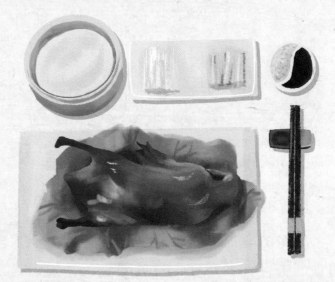

北京烤鸭

清朝，我国很多地区都培育出了特有的辣椒品种，做出了许多以辣椒为亮点的菜肴。清代名臣曾国藩是湖南人，非常喜欢吃辣椒，据说他每次吃饭都要吃些辣的，觉得这样才有味道。

酱菜是经过腌制的蔬菜，味美且容易保存。在清朝，各地酱菜逐渐形成独特的风格，有了明显的口味差别。比如北方酱菜口味偏咸，而南方酱菜口味偏甜。此时出现了六必居、玉堂、槐茂等知名品牌。

榨菜是以茎用芥菜为原料，经腌制而成的食物，鲜嫩美味，因加工时需要榨出多余水分而得名。清朝时，涪陵的榨菜已经闻名全国，至今仍是知名品牌。

六必居酱菜　　　　　　　榨菜

　　一些备受欢迎的小吃也出现在了清朝的大街小巷。冰糖葫芦起源于宋朝，是将山楂等果子穿起后裹上糖稀的传统小吃。到了清朝，由于有了更发达的制糖工艺，冰糖葫芦的味道更好了，价格也越来越亲民。直到民国时期，冰糖葫芦仍然十分受欢迎，人们逛公园、听戏、看电影时，总喜欢买上一根吃。除了最常见的山楂冰糖葫芦，还有荸荠、山药、橘子的，以及加入豆沙、瓜子仁、芝麻等馅料的冰糖葫芦，品种一点儿不比现在少。

　　清朝宫廷满席里的饽饽，传到民间后也大受欢迎。在清朝的北京城里，有很多著名的饽饽铺，其中最有代表性的是瑞芳斋、正明斋、聚庆斋三家，京城的百姓们走亲访友总会提上一盒饽饽作为礼物。

　　饽饽铺里最著名的糕点是京八件，京八件可不是只有 8 种饽饽，而是有桃仁酥、蛋黄酥、杏仁酥、芝麻酥、状元饼、福字饼、禄字饼等很多品种，馅料不同，口感不同。现在

冰糖葫芦是很多孩子童年必不可少的美食。

常见的糕点，如萨其马、驴打滚、茯苓饼，实际上都是源自清朝时期已经存在的饽饽。

桃仁酥　　蛋黄酥　　喜字饼

杏仁酥　　芝麻酥　　卷酥饼

状元饼　　福字饼　　茯苓饼

禄字饼　　寿桃饼　　驴打滚

巴拉饼　　枣花饼　　萨其马

民国时期的西式大菜

从清朝末年开始，西式饮食逐渐传入我国。民国时期，上海等地的饮食文化受到西方较大影响，已经呈现出中西饮食融合的态势。

当时的人们把外国菜馆叫作番菜馆，把西餐

清朝人吃西餐的场景

叫大菜，吃西餐成为一种时尚。有一些聪明的厨师，开始将西式的烹调技艺和中国传统菜肴的制作结合起来，以中菜西烧的方式创造了一些中西合璧的大餐，比如用西式做法烹饪的烩八珍浓汤，食材的选用明显是中式风格。

民国时期，上海有一些人还研究开创了海派西餐，也就是按照上海人的口味和当地食材特性改良后的西餐，做法中西结合，最著名的菜品有炸猪排、罗宋汤和上海沙拉。

炸猪排

罗宋汤

上海沙拉

在传世名画《唐宫仕女图》中，几名唐宫仕女正坐在一起喝下午茶呢。一名画家临摹了这幅画，并为仕女们添加了一些物件。然而，他在临摹的过程中出现了一些小错误，画上了6种在唐朝时还没有出现的东西，请你找出来吧！

（答案见本书第118～119页）

足不出户，吃遍世界

从远古一路走来，我们今天所熟知的美食，仿佛在时空中排着队，一样一样被端上了我们的餐桌，当然也有一些食物在中途被端了下去。经过漫长的历史变迁，才形成了我们现在的饮食习惯，也才有了我们每天可口的饭菜。到了今天，不仅来自全国各地的美食让我们大饱口福，就连全球各国的美味也近在眼前，只有想不到没有吃不到的美食。

我要把汉朝时传进来的黄瓜、明朝时传进来的西红柿和中国生产的意大利通心粉混在一起，来一个大混搭！对了，再加几片金华火腿！

八大菜系任我选

我国幅员辽阔，各地物产不同，食材和烹饪方式也形成了不同的特点。今天的人们公认现代中餐有八大菜系，除此之外还有各种小菜系。

八大菜系的特点和代表菜有哪些呢？

鲁菜：历史最悠久的菜系，主要在山东等北方地区受欢迎，擅长用爆、炒、烤、熘等方式做菜，味道咸鲜，突出食物本身的味道。代表美食有葱烧海参、九转大肠等。

葱烧海参　　　　　　　　　　　　九转大肠

苏菜：主要流行于江苏，擅长用炖、焖、蒸、炒等方式烹饪，味道清淡，保持食材的原味。代表美食有羊方藏鱼、狮子头、盐水鸭、叫花鸡等。

羊方藏鱼

狮子头

粤菜：主要流行于广东，做法精细，注重食材品质，口味偏清淡，代表美食有潮汕卤水拼盘、白切鸡、煲仔饭等。

潮汕卤水拼盘

白切鸡

川菜：主要流行于四川，擅长用烤、煸、炒等方式烹饪。川菜以独特的麻辣调味而广受欢迎，既注重口味的清鲜，又追求浓郁的风味。代表美食有毛血旺、麻婆豆腐、鱼香肉丝等。

毛血旺

麻婆豆腐

浙菜：主要流行于浙江，擅长用炒、炸、烩、熘、蒸、烧等多种烹饪技法，食材讲究节令，注重保留原汁原味，代表美食有宋嫂鱼羹、油焖春笋、西湖醋鱼等。

宋嫂鱼羹

油焖春笋

闽菜：主要流行于福建，以烹制山珍海味著称，注重食材品质，擅长用红糟和糖醋调味，口味鲜醇，代表美食有佛跳墙、淡糟香螺片、蚝仔煎等。

佛跳墙

淡糟香螺片

湘菜：主要流行于湖南，擅长用煨、炖、蒸、炒等方式烹饪，用料广泛、油重色浓、口味多变、偏重香辣，代表美食有剁椒鱼头、东安子鸡等。

剁椒鱼头

东安子鸡

徽菜：主要流行于安徽，擅长用烧、炖、焖、蒸等方式烹饪，口味咸鲜、突出本味，代表美食有臭鳜鱼、胡适一品锅、火腿炖甲鱼等。

臭鳜鱼

胡适一品锅

八大菜系的形成是一个漫长的过程：唐宋时期，我国已经大致形成南北两种不同的饮食风味。到了清朝，各地开始逐渐形成独特的菜系，鲁菜、苏菜、粤菜、川菜是这一时期的"四大菜系"。到了清末民国时期，浙菜、闽菜、湘菜、徽菜也逐渐自成一派，从此有了"八大菜系"齐头并进。

　　除了八大菜系，还有很多地方美食深受人们喜爱，比如新疆的大盘鸡、东北的铁锅炖、海南的椰子鸡……数不胜数！

　　现在信息通畅、交通便利，新鲜食材可以用飞机、火车运往各地，人的流动性也很大。所以不管身处何方，我们都可以吃到天南海北的风味佳肴，广东人能尝东北大炖菜，山西人也可以品福建小吃。很多人还借鉴各菜系的长处，根据口味需要进行融合和创新，创造出许多新的菜肴风味，这些被称为融合菜、创意菜。

那些很新鲜的"传统小吃"

烤冷面、麻辣烫、螺蛳粉、臭豆腐、炸串……夜晚的街边，小吃摊前香气弥漫、人头攒动，这些小吃比正餐的大菜更让我们感到亲切，很多小吃摊上还打着百年传承的字号，更让人垂涎欲滴。不过，其中一些小吃出现的时间可能并不长，历史还不足百年。

烤冷面

烤冷面的历史只有二三十年，是东北地区一位小吃摊主的发明，之后迅速火遍全国。除了常见的用铁板煎烤的冷面，还有炭烤和油炸冷面的吃法。

麻辣烫相传最早是四川纤夫常吃的一种食物。在四川的历史上，纤夫是一种从事搬运重物的劳动者，通常是在江河边的港口、码头等地工作。由于他们工作非常辛苦，劳作之后需要一种能快速提供热量、温暖身体的食物。麻辣烫的重口味和丰

麻辣烫

富的食材正好满足了这些需要。后来经过其他地区的人们改良减辣，用骨汤做底，麻辣烫才逐渐风靡全国。

螺蛳粉也是 20 世纪七八十年代才有的，是广西柳州的小吃摊主将当地特色的干切米粉

螺蛳粉

难道就没有一些历史悠久的街边小吃吗？

有啊！有些小吃已经有几百岁了，只不过是近几十年才变得流行的。

和螺蛳同煮，配上各种香料和调味料制作而成的。

街边常见的臭豆腐小吃，主要源于湖南长沙的火宫殿臭豆腐，至少有 200 年的历史，算是现代小吃里的老前辈。它是通过豆腐发酵而来的，以"闻起来臭吃起来香"而著称。在我国香港、台湾等地，也都有各具特点的臭豆腐小吃，还有黑色、白色等不同种类。

臭豆腐

炸串的历史更悠久，可以追溯到宋朝。不过到了 20 世纪 80 年代，街边才兴起这种小吃，用竹扦将各色食材穿起，下锅油炸或用铁板煎炸后刷酱，方便又美味。

此外，天津的煎饼馃子、西安的肉夹馍、四川的酸辣粉……这些经典小吃都各有历史，只是到了现代，随着社会更加开放，交流日益频繁，它们才得以走出家乡，风靡全国。

炸串

各国美食大串门

从清朝末年就传入中国的西餐，逐渐融入了我们的日常生活。西式餐饮已经成为很多人饮食的重要组成部分。面包、牛奶、燕麦片等是不少人的早餐标配，煎牛排、意大利面、海鲜烩饭，或者简单的汉堡、三明治，也都成了我们日常饮食中的美味。

当然，更多的时候，我们会走出家门，去餐厅品尝这些来自异国他乡的美食。西餐其实也分很多种，不同国家的菜肴各有特色。

法国的饮食是西餐中的佼佼者，它的特点是选料广泛、烹调讲究，代表美食有焗蜗牛、煎鹅肝、洋葱汤等。

焗蜗牛

煎鹅肝

意大利的饮食被誉为西菜始祖，它的特点是香鲜醇浓、面食讲究，代表美食有通心粉、帕尔玛火腿、比萨等。

通心粉

帕尔玛火腿

俄罗斯的饮食，特点是油重味浓、烹调简单，代表美食有鱼子酱、红菜汤等。

鱼子酱

红菜汤

　　美国的饮食，特点是方便快捷、肉美味鲜，代表美食有烤火鸡、汉堡、三明治等。

烤火鸡

汉堡

　　英国的饮食，特点是清淡少油、追求新鲜，代表美食有牧羊人派、约克郡布丁、炸薯条等。

牧羊人派

约克郡布丁

英国菜恐怕不好吃吧。我估计不喜欢！

有人不喜欢，也有人喜欢，而且在今天，咱们可以混搭和创新啊！

　　在今天的城市中，我们还可以很容易地找到日本餐、韩国餐、泰国餐、马来餐和土耳其餐……可以说，世界各国各地区的美食来了个大串门儿，充分满足了人们的好奇心和味蕾。当然，我们的中餐也已经走遍了世界的每个角落，很多外国人还以自己的方式对中餐进行了融合与创新。

日本寿司

韩国石锅拌饭

泰国冬阴功汤

越南牛肉粉

土耳其烤肉

　　古人跨越千山万水才能带回异域的美食风味和植物种子，一定想象不到今天的生活竟能如此便利，几乎足不出户，就可以坐拥全世界的美食，还可以根据自己的喜好进行随意混搭。

您好，您订的比萨饼套餐，您订的东北大拌菜和四川麻辣烫，还有您订的炸鸡套餐……

嘿嘿，不好意思，我真的很饿！

科技改变美食

现代社会有着古代无法比拟的科技水平，而科技也为现代人带来了古人从未享用过的美食。

多种口味的冰激凌

古代的富人虽然也会在冬天保存冰块，到夏天取冰加糖、水果或牛奶做成类似刨冰的美食，但直到 18 世纪才出现真正的冰激凌、雪糕。到了现代社会，人们才能吃到种类繁多的冷饮。

糖果也是如此。古代的糖主要有蔗糖和麦芽糖两类，种类也不丰富。现代的小朋友们可以自由选择硬糖或软糖、夹心糖或酥糖，如今糖果的品种、造型、味道真是太丰富了，让人眼花缭乱。

罐头、方便面、火腿肠、速冻水饺等方便食品也是现代才有的，保质期长，食用方便，深受一些人的喜爱。不过我们还是要多摄入新鲜食物，不能长期食用方便食品，不然身体会缺乏部分营养元素。

各种各样的糖果

传统美食需要运用煎、炒、烹、炸等烹饪技艺，而现代有一种分子美食，它的制作过程与其说是烹饪，不如说是在做

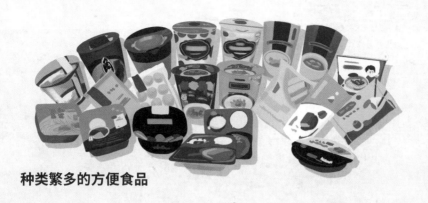

种类繁多的方便食品

实验。分子美食的大厨把食材自由组合，利用低温慢煮、超低温等方法创造出与众不同的美食，比如低温慢煮出的鸡蛋有着布丁一般的口感，超低温制作的奶油甜脆不腻，还有看起来像巧克力的鹅肝酱，看起来像鱼子酱的果汁，以及美味的泡沫和凝胶等。真是太神奇啦！

分子美食

科技对我们餐桌的影响还有很多。中国古人讲究饮食养生，而到了今天，由于化学、医学、营养学等的发展，我们对于每一种食物的特性，以及它们对人体的影响，都有了更深的了解。有专门的营养专家为人们制订健康食谱。今天的人们对于自己该吃什么、怎么吃，有了很强的掌控力。

科技越来越发达的未来，人们的餐桌会有什么样的变化呢？让我们拭目以待。

那当然啦！所以说历史就摆在餐桌上！

就算我们现在懂了这么多科学知识，拥有了调运全世界食材的能力，可我们餐桌上摆放的东西，大部分还是老祖宗们传下来的！

鸿门宴

韩熙载夜宴图（局部）

唐宫仕女图（局部）

1. 葡萄是西汉张骞开通丝绸之路后从西域传入的，这时候还没有。

2. 葡萄酒传入我国并端上餐桌，是在丝绸之路开通之后的事情，而这样的高脚玻璃杯，那时候也是没有的。

3. 豆腐是汉朝时发明的，据说发明者还是刘邦的子孙，这时候还没有。

4. 饺子据传是三国时期的名医张仲景发明的，最早出现饺子的文物也是三国时期的，刘邦和项羽没有吃到过饺子。

5. 花生传入我国是明朝的事情了，这时候的餐桌上不应该有花生。

---

1. 菠萝是明朝才传入我国的水果，韩熙载所处的五代时期是没有的。

2. 玉米是明朝才传入我国的，韩熙载所处的五代时期是没有的。

3. 马铃薯传入我国的时间跟玉米接近，这时候的人们还没有吃过马铃薯。

4. 汉堡是现代食品。

5. 虽然那时候也有甜点，但奶油蛋糕明显是现代食品。

6. 比萨饼这种食物起源于意大利，据说也有很悠久的历史了，但在五代时期，并没有传入我国。

---

1. 据说西瓜在唐朝时期已经传入我国，但并未普及，西瓜摆放在餐桌上的场景应该到宋朝时期才会出现。

2. 这是现代的咖啡壶。

3. 杧果直到明清时期才传入我国，唐宫的仕女们无缘吃到杧果。

4. 三明治是现代食物。

5. 炒瓜子在唐朝时还没有，宋朝人吃过炒瓜子，却不是葵花子，因为直到明朝，向日葵才传入我国。

6. 青花瓷在宋元时期逐渐发展起来，而这种样式的茶壶，则是元明时期欧洲人喜欢的样式，出现在唐宫仕女的餐桌上显然是不对的。